家政教育與
生活素養

葉至誠、葉立誠————著

出 版 心 語

　　近年來，全球數位出版蓄勢待發，美國從事數位出版的業者超過百家，亞洲數位出版的新勢力也正在起飛，諸如日本、中國大陸都方興未艾，而臺灣卻被視為數位出版的處女地，有極大的開發拓展空間。植基於此，本組自二〇〇四年九月起，即醞釀規劃以數位出版模式，協助本校專任教師致力於學術出版，以激勵本校研究風氣，提升教學品質及學術水準。

　　在規劃初期，調查得知秀威資訊科技股份有限公司是採行數位印刷模式並做數位少量隨需出版（POD＝Print On Demand）（含編印銷售發行）的科技公司，亦為中華民國政府出版品正式授權的 POD 數位處理中心，尤其該公司可提供「免費學術出版」形式，相當符合本組推展數位出版的立意。隨即與秀威公司密集接洽，雙方就數位出版服務要點、數位出版申請作業流程、出版發行合約書以及出版合作備忘錄等相關事宜逐一審慎研擬，歷時九個月，至二〇〇五年六月始告順利簽核公布。

執行迄今，承蒙本校謝董事長孟雄、陳校長振貴、歐陽教務長慧剛、藍教授秀璋以及秀威公司宋總經理政坤等多位長官給予本組全力的支持與指導，本校諸多教師亦身體力行，主動提供學術專著委由本組協助數位出版，數量達八十本，在此一併致上最誠摯的謝意。諸般溫馨滿溢，將是挹注本組持續推展數位出版的最大動力。

本出版團隊由葉立誠組長、王雯珊老師以及秀威公司出版部編輯群為組合，以極其有限的人力，充分發揮高效能的團隊精神，合作無間，各司統籌策劃、協商研擬、視覺設計等職掌，在精益求精的前提下，至望弘揚本校實踐大學的辦學精神，具體落實出版機能。

實踐大學教務處出版組　謹識

二〇一八年六月

序　言

　　我國深受中華文化的薰陶，重視家庭，家庭是社會的基本單位，又是一個重要的教育實體，還是「社會發展的基石」。家庭也是人類第一個學習接觸的場所，因此家庭教育是一切教育的基礎，也是治國的大經。要實現儒家倫理關於「修身、養性、齊家、治國、平天下」的局面，必須從健全家庭做起。家政教育的落實將積極促成國民生活素養的提升，正如同 Hooft（1995）所強調的：「生活素養」將自我表現擴散於人類存在的各個層面，包括人與自己、人與社會、人與自然所構成的生物的、知覺的、心靈的整體情境脈絡中。爰此，《家政教育與生活素養》的主要內涵，正是落實家政教育，以及傳授現代化的家政知識，進而具有促進家庭、社會進步、和諧與團結的積極性作用。

　　尤其是近年來，隨著社會形態和家庭結構功能的急劇變化，父母親在家庭中的地位與角色日趨重要。強調教好每個家庭，等於教好社會。有良好的家政教育，才能有良好的家庭，社會才能繁榮進步，國家民族才能富強康樂。因此，如何發揮家政教育的功能，使家庭成員以一種新的觀念、新的態度和新的做法來經營家庭，乃是學校及社區於推動家政教育面臨的重要任務之一。所以，「家政教育」是肩負了生活素養的重大責任。

　　本諸「學校為學生而辦，學生為學習而來」，學校教育強調以莘莘學子的教養為核心，期盼發揮技職教育「陶冶具備專業素養的現代公民」，以為安身立命，是筆者所服務敏惠醫護管理專科學校辦學超過半世紀以來所追求的目標，並且以此努力作為學校教育能夠「典範永續」的標竿。由於敏惠醫專學制係銜接國中義務教育及專業技能教育，除提供「一技之長」，以為發揮所長，有鑑於《二十一世紀資本論》作者皮凱提（Thomas Piketty）認為，「財富集中的原因之一，在於富人的教育機會與資源遠高於低所得族群；

教育是解決貧富差距最重要的藥方。」更須強調「人文素養，社會關懷」的全人教育，得以培育具備專業素養的現代公民。

「素養」（literacy）一辭原本的意思就是平素的修養，重視價值內涵。《漢書‧李尋傳》：「士不素養，不可以重國。」素養所指稱的包括具備基本學科知識，將其運用在生活以及工作的問題解決能力，除了能力的考量外，也包括品格修養、人文藝術。素養不只重視知識，也重視能力，更強調態度的重要性。素養是個體為了發展成為一個健全的社會成員，結合食衣住行育樂體驗，培養會自我觀照，提升生活品質與儲備生命能量，享受生命之美，涵泳生活素養。爰此，借鑑我國大儒朱熹所推動「書院教育」，及美籍教育學者杜威（John Dewey）「教育即生活，生活即教育」理念。落實生活教養，體現「弟子入則孝，出則悌，謹而信，汎愛眾，而親仁，行有餘力，則以學文。」期盼生活教育自灑掃庭除，應對進退中，身體力行。是以學校的環境維護工作自創校以來皆由師生親力親為，每天皆有上午、下午兩次「掃除時間」，自勞動中培育「整潔，禮貌，尊師愛校」，落實「飲水思源，孝順父母，尊師重道」教育信念。

「培育擁有人文素養，以邁向有品德、有品味、有品質的人生，能過有意義生活並增進社群福祉。」積極自「三品三生教育－生命有品格，生涯有品質，生活有品味」中落實生活素養，以體現「大學之道，在明明德，在親民，在止於至善。」為期精進，將生命教育列入專一同學學習領域，並且鼓勵學生組成社團深入中小學及社區進行，如：「百人志工」、「送愛偏鄉」、「社區彩繪」、「兒童健康夏令營」等志願服務，自身體力行中孕育敦厚心靈。

教育是涵泳心靈，變化氣質的人文工程。尤其青年學子肩負時代傳衍的社會期待，人們常以「今日青年決定明日社會」說明青年學子素養的關鍵角色。在敏惠大家庭裡，我們塑造每個孩子都是位有教養的學子，這是教育的時代使命。也是恢弘英國學者狄波頓（Alain de Botton）於「人生學校」所倡議「人生學校的創立宗旨是要重新定義知識，打破知識的既有窠臼並貼近人們的生活。就是要傳授大學應該教育人們的事情：幫助青年學生在生命的旅途中不至於迷惘，以及當中的智慧。」

　　中華民族向來重視家庭制度，故歷來有「國之本在家」、「家齊而後國治」的說法，因而在傳統上均以家庭為基礎，運用中國固有的倫理道德以培育子女的人格，進而求得家庭的和樂、社會的安定。父母親在家庭中占有極重要的地位，諸如管理家務、管教子女等。一個好的家庭的建立有賴於盡責的父親及賢慧的母親。所以有好的父母親方能有好的家庭，也能培育出健全的子女，創造幸福的家庭生活。家政教育是一種生活教育，著重於培養現代公民適應現代生活的能力，教育是開展國民潛能、培養適應與改善生活環境的歷程。家政教育關心日常生活問題的解決，統合日常生活經驗，充分將學習與生活經驗統整，使學習者能自個人、家庭、學校、社區、國家，乃至於地球村，逐步擴展，進行系統性、層次性的統整，以提升更好的生活品質。

　　家政教育的課程規劃隨著專業知能的快速積累，本書尚有諸多不足之處，尚祈教育先進及讀者方家不吝賜正，用為精進。

葉至誠　葉立誠　謹序

簡　介

　　《家政教育與生活素養》是探討與研究「家庭與家人等相關事務」的諸種生活教育及管理工作，以家庭生活中的食、衣、住、行、育、樂等領域開展，涵蓋精神與物質基本技能的層面，統整家庭生活、消費與管理、環保教育、生命教育、兩性教育、工作與休閒、合作與自主等內涵，以使學生具備生活自理能力、消費抉擇能力、資源管理能力、人際溝通與關懷尊重能力、多元思考與價值判斷能力，落實人文化、生活化、適性化、統整化與現代化之學習領域教育活動，以促進個人、家庭的幸福生活及社會的祥和與關懷等方向，以作為和諧社會建設的基礎。

目　次

第一章　概說

前言

　　家政是家庭事務的管理工作，屬於一種專業。家政學是研究家政的學科，隸屬於社會科學的領域。以研究人與自然環境、社會環境的互動，並以提升個人及家庭的生活品質為目標。家政教育關心日常生活問題的解決，統合國民日常生活經驗，充分將學習與生活經驗統整，使得能自個人、家庭、學校、社區、國家，乃至於地球村，逐步擴展，進行系統性、層次性的融入及統整，以提升更好的生活品質。

壹、家政的意義

　　「家政」（Home Economics）與家庭關聯密切，家政是理家相關的事務。Home 是「家」的意思。Economics 著重於「經濟」意涵，強調的不僅是在經濟的基礎上來持家，同時推而廣之為經世濟民。是以，經濟不單指經費、資源、財貨，尚且包括了管理、教育、規範作為。其目的為：從容面對錯綜複雜的個人、家庭、社區、及其環境的交互關係，積極應付生活中價值觀與判斷抉擇的問題，並能以多元思考以解決面對挑戰。家政教育教導人們能統整理性與感性，統合科學性的知識與理性的判斷、人文藝術知識與感性的美學、生活情趣及人文關懷，以期「學得生活中的應對與技巧」，「習得謀生的技能與專業職能」，「促進家庭和諧與社會安定為目標」。

　　「家政」是一整合性強而實用性高的專業課程，學習者從家政教育活動中，學習基本生活知能，體驗實際生活，增進生活情趣，提升生活品質。以食、衣、住、行、育、樂等「家庭生活」為核心。「家政教育」的學習目標為：

一、了解日常生活管理、家庭生活的活動，充實日常生活所需的知能。

二、加強對日常生活的關懷，維繫與自己、他人及環境間的和諧關係。

三、陶冶能改善家庭生活及建立幸福家庭的信心、志趣、作為與理想。

「家政」係整合上述學習領域知能及實踐價值教育、消費教育、環境教育、性別教育、休閒教育及生活藝術等活生生的生活教育。研究家政學的目的和意義不僅在於促進家庭發展，而且在於促進社會發展。美國出版的《新時代百科全書》中指出家政學這一知識領域所關切的，除了透過種種努力來改善家庭生活外，還要促進社區、社會、國家、國際、人類的發展。

貳、家政的內涵

「家政」關心日常生活問題的解決，而日常生活問題的解決光靠科技或工具性的知識是不夠的，因為它所涉及的問題，大多是與個人、家庭、社區、及其環境有相互關係，生活中充滿了價值觀與判斷抉擇的問題。因此，作為教育中的學習議題，家政課程的兼具「理性」與「感性」特質，對於整合各學習領域的知能，使落實人文化、生活化、適性化、統整化與現代化的學習活動。受到 Brown 與 Paolucci（1979）等學者的倡議，使家政教育朝向：

第一、引導性：能啟蒙個人自我形成的圓熟。

第二、合作性：啟發與人合作、參與、改善。

第三、目標性：制定社會目標及達成的方法。

表 1-1　家政的研究內涵與範圍

主題	探討內容
人類發展	兒童保育、兒童發展、生涯規劃、兒童心理、青少年輔導、成人生涯、老人保障等。
家人關係	婚姻生活、親職教育、家人關係、人口高齡化、居家照護、兩性交往。
家庭管理	生活法律、家事工作、家庭安全、法律常識、家庭經濟、家庭簿記、環保教育、消費保障、消費問題等。
家政教育	中等家政教育、高等家政教育、家政教材教法、成人家政教育。

主題	探討內容
膳食營養	食物營養、食品安全、食品加工、食物製備、烹飪實作、烘焙實作、食品衛生、團體膳食、餐飲服務等。
織品服裝	衣物織品、造型設計、服裝管理、服裝選購、服裝搭配、縫紉實作、服飾經營、服飾行銷、服飾美學等。
禮儀生活	生活禮儀、國際禮儀、西餐禮儀、美姿美儀、社交禮儀等。
居家美學	花藝設計、紙藝製作、編織設計、美容美髮、化妝設計等。
居家環境	室內設計、園藝實作、住宅安全、生活環境、居住品質等。
職業教育	餐飲管理、餐點服務、幼兒保育、室內布置、美容經營、妝品行銷、生活科學推廣等。

（資料來源：作者整理）

叁、家政教育的發展沿革

　　家政教育的目的以培養國民健全人格、民主素養、法治觀念、人文涵養、強健體魄及周全思考、理性判斷與創造能力，使其成為具有國家意識與國際視野的現代國民。家政教育發軔於十九世紀中葉的德國，德國鄰近的瑞士、瑞典、挪威、丹麥及英國也都接連發展。面對日益繁複的個人、家庭、社區、及其環境的交互關係，並非單一邏輯思考能加以解決的，兼具工具性、溝通性、詮釋性及自主性的知識，以提升家政領域於多元價值觀下的突破，確保生活在現代社會的人們能自主自律的生活，建構一個從容有餘、人人安適的社會。

　　家政教育的發展於美國雖然起步較晚卻發展迅速，成為首先於大學中設立專門學系培養專業家政人才的國家。

一、美國的家政教育的沿革及發展

1. 一八六二年美國政府正式通過立法並提供資金來鼓勵社會各級學校廣泛開設家政教育課程，高校成立家政系。
2. 一八七四年，美國伊利諾州立大學率先設立了家政文理學院，正式創辦開設家政學系。

3. 一八九〇年美國大專校院和高中廣泛開設家政學課程。

4. 一九〇九年十二月三十一日美國家政學會在華盛頓特區成立。

5. 一九二四年美國大學家政聯合會指出:「家政應該包含一切有關家庭生活的安適與效率的因素,其主題是有關應用科學、社會科學與藝術等,以解決家庭治理及理家有關問題的綜合學科。」

6. 一九三〇年,美國家政學界搜集了大量資料,以充實家庭生活教育,並研究家庭所需物品與服務的改進。家政課程的重點從操持家務逐步轉到家庭消費上,家政學的內容也由「如何去做」轉變為「為什麼那樣做」;家政學不僅研究個人與家庭生活的問題,還研究家庭問題所涉及的國家和國際方面的問題。

7. 美國家政學會於一九五九年年會中,發表家政是知識與服務的領域,主要透過下列途徑加強家庭生活:

 (1) 教導個人與改善家庭生活。

 (2) 改善家庭經營方式與服務。

 (3) 研究個人與家人需要的變化及滿足需求的途徑。

 (4) 改善社區、國家及世界的整體環境,使家庭生活更趨完善且舒適。

8. 一九六〇年代美國興起了家政的新概念,認為:「家政是研討人類發展與環境的科學」,並主張修改學科名稱,改用人類發展學(Human Development)一詞。

9. 美國家政學會於一九九四年正式更名為「美國家庭與消費科學學會」(American Association of Family and Consumer Sciences, AAFCS)。該學會提供會員在人類發展行為、居住環境、食物與營養、服裝與紡織品及家庭資源管理等方面協助。

二、日本的家政教育的沿革及發展

 1. 始於十九世紀末。

 2. 明治維新後西方文明及家政教育思想相繼進入日本。

 3. 一八九七年東京女子高等師範學校設立家事專修科。

4. 二次大戰日本戰敗，將民主思想列入家政教育內，以便改革家庭觀念
   及家庭生活方式。家事科改為家庭科。

三、我國家政教育的沿革及發展

1. 從數千年以前黃帝時期嫘祖教民養蠶、紡織、製衣起，女性在家庭的
   角色就已奠基，也是家事工作最早的發源。
2. 中國自古便強調家庭教育的重要性，歷史上有許多關於女教、家政的
   典籍。
   《禮記》中所載之婦德（道德操守）、婦言（言談舉止）、婦容（容顏
   禮儀）、婦功（持家技能）等。
   《女誡》內容闡述如何當個「三從四德」的女人，是最重要的皇家教
   材，一直沿用到清朝，其影響相當深遠。
   《顏氏家訓》隋朝顏之推所著。
   《女論語》唐代宋若莘、宋若昭姊妹合著。
   《朱子家訓》清初朱柏廬所著。
3. 清朝中期，受西方思想的影響，提倡維新運動的有志之士，力興女學。
4. 一八四四年英國傳教士愛德西（Aldersey）女士，在寧波設立了第一
   所女校，其課程為一般家事範圍並且重視女紅及刺繡。
5. 一九〇三年頒布「奏定學堂章程」，規定女學教材應以《孝經》、《四
   書》、《列女傳》、《女誡》、《女訓》及《教女遺規》等為主。
6. 一九〇六年正式把女子教育納入國家教育體制。
7. 一九〇七年頒布「女子學堂章程」及「女子師範學堂章程」，其中「女
   紅」一科是政府公布家政課程的起源。
8. 一九一九年北京女子高等師範學院設置家政系以培養專門人才，此
   乃中國在高等教育體系中第一所設立家庭管理之學校。
9. 一九二六年北京大學（原燕京大學）、福建師範大學（原福建協和大
   學）、原輔仁大學家政系等相繼成立。
10. 一九五三年國立臺灣師範大學家政系成立，為國內第一所家政系。

11. 一九五八年私立實踐家政專科學校成立。

12. 一九六二年，中國文化大學創立家政研究所。為國內第一所家政研究所。

13. 二十世紀九〇年代中期，大陸浙江、吉林省分別有三所大學設置家政專業的大專學歷課程，使停頓逾四十餘年的家政專業學歷有重大突破。

　　家政是一門生活應用科學，在臺灣的家政課程內容相當廣泛，教育著眼「關懷典範」的理念，旨在以「關懷倫理」促進個人、家庭、社區及環境的整體發展，並滿足其彼此間的相互需求。以「關懷倫理」整合實證科學知能與人際的和務實的日常生活知能，使賦予學習者具備解決日常生活經常性的問題，使知識不離行動、理智不離情感。家政教育應以生活為中心，配合學生身心能力發展歷程；尊重個性發展，激發個人潛能；涵泳民生素養，尊重多元價值；培養科學知能，適應現代生活需要。因此，除了課程教材融會貫通之外，更應不斷充實及更新自身職能，以因應社會趨勢。

　　隨著社會的變遷，科學知識的積累，我國家政教育的興革，採用批判科學的觀點加以建構，批判科學觀點能促使個人與家庭反思科技與社會文化對其所造成的影響，透過對話溝通機制，產生啟發性的、意識覺醒的、批判反思的、理性思考與判斷之自律解放性行動，投入社會參與。家政教育以「三 E」為思維——「賦權增能（empowerment）」、「啟蒙（enlightenment）」、「解放（emancipation）」的行動，教育模式的特點為問題取向，著重於分析生活情境，以解決社會問題，產生批判可行的行動，進行價值評斷（洪久賢，1999）。強調的是人與自我、人與他人，或人與社群間，互為主體。家政教育統整理性與感性，統合科學性的知識與理性的判斷、人文藝術知識與感性的美學、生活情趣及人文關懷。藉著批判思考的質疑、反省、解放與重建的能力與態度，不斷的反省，以培育自主的個人，不受內外在不合理的壓迫，重建一個兼顧自律且和諧的新生活，建構真正自由的社會。家政學者 Brown（1980）將家庭活動系統區分為：技術性活動、詮釋性活動與自主性活動，成為家政教育發展的新趨勢：

表 1-2　家政領域的發展趨勢

項目	內涵
技術性活動	家庭生活中運用科技或技術以解決日常生活問題，包括：工藝、烹飪與縫紉，以操作實務取向。由於家政工作起源於手工訓練，是以家政教學內容強調實作能力的增進。
詮釋性活動	隨著時代的變遷，除既有技術性行動外，為滿足人們提升生活品質的需求，因應人際關係與社會結構日趨複雜化，因此對於人際互動與關係中意義的理解，透過詮釋、溝通與關懷，以促進彼此的良性互動，日形重要。如：人際關係、家庭教育與家庭生活等主題，益為重要。
自主性活動	Habermas（1987）指出生活世界的問題必與生活品質、平等權益、自我實現、公共參與、基本人權等有關，因此當認真的追尋價值觀的形成，思索人的主體性及價值觀等，以追求美好人生、家庭、社區、社會。

（資料來源：洪久賢，1999）

　　家政教育結合社會的需求及知識整合，朝向兼具技術性、詮釋性及自主性的專業能力，方能於社會的多元價值觀下，確保生活在現代社會的人們能免於貧困、安適從容的生活，建構一個祥和社會，並提升至「充實人文素養，實踐社會關懷」，更美好的生活品質。

肆、家政相關的職業發展

　　家政教育是一種生活教育，著重於培養學生適應現代生活的能力，開展學生潛能、培養學生適應與改善生活環境的歷程。透過飲食健康、衣著合宜、生活管理與家庭經營等的學習，使得生活各領域的不同層次需求獲得適當滿足；培養健康的個人，建立健康的家庭；藉由消費決策與管理，培養明智地消費物品與勞務。對生活的理性認知與感性陶冶，以達身心均衡發展。透過多元文化的學習中，建立合宜周延的思考判斷與自我抉擇，並建立和夥伴相互合作與和諧共事的知能，進而培養中道的人生觀及宏遠的世界觀。

表 1-3　家政相關的職業發展領域

類別	專業領域	
教育服務業	學前教育	幼兒園園長，幼教師，保育員，社會工作員，幼教專業人員，育幼院保母，家庭托嬰，育嬰中心保母等。
	中等教育	各級學校家政課程、家政科、美容科、幼保科、餐飲科教師，農會及家政推廣機構服務。
	社會教育	兒童、青少年、老人與家庭輔導專業人員，國小兒童課後照顧人員，家政管理相關技術及諮詢服務人員，婚姻諮商工作人員。
膳食相關行業	餐飲服務人員，餐飲接待員，廚師，營養師，食品研究與開發人員，食品營養相關研究與開發人員。	
住宅服務業	房屋仲介行業銷售員，室內設計師，不動產經紀人。	
福利／服務行業	家庭教育專業人員，兒童及少年福利機構專業人員，社區工作人員。	
傳播業	文教事業相關專業人員，家庭與兒童傳播媒體策劃製作人員。	
設計相關行業	飾品工藝設計人員，花藝設計師，服裝設計人員，時尚設計師，服裝研發人員，品管人員等職業。	
美容及美髮業	美容師，指甲彩繪師，美療師，芳香療法師，髮型設計師，化妝品研發，整體造型師，新娘祕書。	

（資料來源：作者整理）

　　家政教育是一種生活教育，著重於培養學生適應現代生活的能力。近年來，由於科技文明的突飛猛進，加上工商業的急速發展，社會結構的改變，影響了家庭的組織和功能，處於科技進步、資訊充斥的現代社會，家庭已由以往的生產單位轉變成消費的單位，家庭中大部分的家事工作，很多家庭勞務多可委辦或由科技代勞，家庭的組織由大家庭而趨向只有夫妻和子女的小家庭。人們反而必須把心力投注在對複雜的家庭與社會事務進行分析、表達溝通和做決定，家政教育的內容已漸偏重於消費、管理和人類發展等知識，以解決生活上的實際問題與永續性的問題，關照多面向的生活觀。深受社會科學和行為科學的發展，更促使家政教育的研究朝向與人類有關的領域發展。是以，家政教育的發展趨勢：

表 1-4　家政教育的發展趨勢

項目	內涵
由技藝性轉向於知識性	家政教育不再以教導人們生活的技能和解決問題的方法為滿足，更重要的是培養人們建立起自己的價值觀和判斷選擇，並做決策的能力。
以人為主到以事物為輔	個人或家庭不再能夠自給自足，而必須相互依賴整個社會的許多其他個人和家庭才能生存，因而如何有效的計畫管理家庭中的資源，如何選購必需的物品和服務，如何維繫良好的人際關係，以及個人的自我調適，將是家政教育的重點。
課程內容注重家庭生活	家政教育即是生活教育，終身的繼續教育，可使人們更能適應一切政治、經濟、社會及科技的變遷。它不僅從生活中體驗與學習，更要從不斷的學習過程中，提升個人品格素養與生活素質，以期達到提升全人類生活品質的目標。
自學校教育至終身教育	生活在現代的人們，比以往任何時代的人更能體會到繼續教育的必要性。人口變遷、人際疏離、生態變遷等，使人們深感短短幾年的學校教育，實不足以應付日益複雜而又變化快速的社會，因此對於終身繼續教育將有更深一層的需求。

（資料來源：作者整理）

　　家政教育的目的在幫助人們適應並改善其家庭生活，處在目前這個瞬息萬變的時代，使他們能夠更積極地面對生活中各種可能發生的問題，而自行做最佳的取捨和決定。在未來的社會中，科技發展的結果，勢必造成分工更為精細的社會形態，而人與人之間的相互依存性也就必然更形密切。

結語

　　我國自古重視家庭，並視為人格奠基的主要場所，古往今來諸多「家訓」成為個人修身乃至社會規制。家政內涵即生活，旨在提升人民的生活品質與促進全民健康，家庭教育是每一個人生命中最早接觸的學習活動，舉凡生活中的食、衣、住、行、育、樂均包含在內。家政教育融入各教學領域，可從能力指標著手，課程與教學發展要熟稔家政教育與該學習領域之能力指標，擷取家政教育與擬融入之學習領域相關能力指標，進行概念分析與一一對應，依活動主題再根據概念發展為學習目標。

　　家政教育範圍涵蓋精神與物質兩大層面，除了技能的學習，更有知識的學習、行為的養成與觀念的建立。隨著社會的累進，家政教育關心日常生活問題的解決，統合學生日常生活經驗，充分將學習與生活經驗統整，使學生自個人、家庭、學校、社區、國家，乃至於地球村，逐步擴展，進行系統性、層次性的統整，以提升更好的生活品質。唯有良好的家政教育，才能培養個人正確的人生觀與生活態度，再藉由有效的管理策略，建立幸福的家庭與和諧的社會。

第二章　家庭教育

前言

　　中華文化重視家庭，並視為社會的基本單元。「家庭是孩子與社會接觸的第一站，是各種綜合能力培養的基地」，教育首先從家庭開始。家庭教育有其學校教育所沒有的獨特優勢，主要體現在因材施教方面。其次，家庭教育比學校教育具有更廣闊的教育範圍和豐富的教育內容，是全方位培養人才的重要場所，脫離了家庭教育對於青少年個性（如價值觀、理想信仰、性格等）的形成起主要作用，而在這方面的影響來自於學校教育的比例則不大。

壹、家庭教育的意義

　　家庭教育的意義對小孩意義非凡，小孩的人格形成絕大多數來自父母，父母感情要好多半子女的歸宿也不錯，父母感情差常常拳腳相向，子女的感情路會走得比較不順、人格會有偏差。良好的家庭教育首賴親職教育的實施，這也是家政學中重要的環節。是以，民國六十一年謝東閔先生於臺灣省政府擔任省府主席即推展「小康計畫」，其中的「媽媽教室」培育課程，便著重於婦女與家庭重視「家庭教育」，促請家庭朝向「倫理化」、「經濟化」、「科學化」、「藝術化」的建設方向。而親職教育的意義：有系統的協助父母認識自己、了解兒女的發展，增進為人父母的知識與技巧，進而改善親子關係。簡言之，是使父母成為一個有效能父母的終身學習，成為家庭教育的重要內涵。

表 2-1　家庭教育的重要內涵

對象	重要性
子女	兒童早期發展的過程，最重要的是與父母或主要照顧者發展信任的關係，作為與他人建立關係的基礎。
父母	父母扮演文化傳遞者的角色，在兒童濡化的過程中，父母促使兒童成為文化人。
家庭	生態系統理論說明兒童與環境的關係，親職教育影響不僅是父母，還包括縱向面向（親子、祖孫）及橫向面向（父母、手足）更加和諧。
學校	兒童在校與在家表現差距大，學校會同家長辦理親職教育，了解彼此雙方之理念。
社會	預防青少年問題，《家庭教育法》第十四條：婚前要有四小時的家庭教育課程。

（資料來源：作者整理）

親職教育的目的：

1. 加強做好為人父母之準備：預防親職關係惡化的作用。

2. 增進父母自我體驗與認同：強化父母本身對自我的認識，是成為有效能父母的第一步。

3. 協助父母教養子女，促進子女正向發展：透過教育的過程使父母以適當的方式教養子女，使子女獲得最好的照顧與充分的發展。

4. 增進親子正向關係，促進家庭和諧：了解子女，增進雙向溝通互動的機會。

貳、現代父母的角色

　　家庭是個人參與社會的第一個單位，也是最重要的單位。因為當人類降臨人間，家庭便負起哺育、養育、教育的責任，是以家庭左右個人最早期的人格發展，家庭也塑造個人的態度、信仰和價值，透過父母兄弟姊妹的相互互動，個人得以漸次成長、參與社會，也只有在家庭，兒童才能滿足一切需要，同時也經由家庭認知並學習社會角色。是以家庭提供了一個人人格形成、人格社會化及人格發展的中心。

　　家庭對於影響個人適應社會的功能，根據佛洛伊德的分析認為：發展兒童的「超我」（superego）是家庭的工作，它慢慢地灌輸給兒童有關道德價值

及社會規範,於是兒童獲得了控制其行為的有效指導原則。佛洛伊德的人格理論特別強調家庭是決定兒童性別角色的主要機構。家庭分子的角色是按性別劃分的,如父親與母親,兄弟與姊妹。男孩在出生時,就對母親產生強烈的認同;後來,他們要面臨斷絕這種異性認同的問題,如果女孩傾向傳統婦女角色,男孩傾向於父親角色,則其對於性別認同的困難自然較少,因為他們早期的角色認同、行為取向,在成年後的生活仍可繼續。

現代父母親的親職教育直接影響到子女人格陶養,因為父母親是家庭的最主要成員。在社會變遷的當下,如何扮演適格的角色,以彰顯家庭在教育上的功能是父母重要的基本素養,茲簡述增強父母效能的途徑如下:

表 2-2　增強父母效能有效途徑

項目	內涵	
建立正確的 教育價值觀念	認識子女的能力、性向、興趣與人格特質。	1.不要高估或低估子女的能力。 2.要深入了解子女的個性。 3.要培養子女正常休閒活動。
	重視子女的個別差異與因材施教。	1.不要給子女過高期望,形成巨大心理和生理壓力。 2.對子女教育宜因勢利導,不可強求。
	家庭教育與學校教育社會教育相結合。	1.父母之家庭教育不要違反學校教育的正向功能。 2.善用社會資源,以增強家庭教育功能。
	以愛心、耐心,激勵孩子的成就動機。	1.愛與鼓勵是激發孩子的動力。 2.激勵孩子自我比較,增強學習信心。
提供正確的 學習認同楷模	以身作則作為孩子認同的楷模。	1.福祿貝爾說:「教育無他,愛與榜樣而已。」 2.父母應了解身教重於言教之意義。
	研閱名人傳記以增強認同動機。	1.長期訂閱名人傳記及期刊,供子女研閱。 2.鼓勵撰寫研閱心得,分享家人。
	蒐集社會優良事蹟供子女參閱。	1.蒐集孝悌楷模及好人好事文獻供子女研閱。 2.鼓勵子女日行一善,勿以善小而不為。
適當的 行為引導	1.積極正向輔導取代消極負向輔導。 2.身教、言教與制教並重。 3.提供隨機教育,導正不良青少年次級文化。 4.子女正確發展方向,不要對子女作過高的期望。 5.子女有機會學習作決定和負責任之態度。	

項目	內涵
建立正確的管教態度	1.民主和諧，溫馨感人的家庭氣氛。 2.傳統權威管教方式讓子女有申訴的機會。 3.子女了解自由與自律的正確觀念。 4.理性的思考模式與合理的生活規範。

（資料來源：作者整理）

叁、家庭教育的內涵

人天生只是一個人類有機體，並非一個社會人。生下後得到社會的教養，與別人接觸，習得所屬團體的價值，所贊成的態度、觀念、及行為模式，遵守社會的規範，並有了地位與職務，才成為一個有人性有人格的社會人，也就是社會化的人。故社會適應可說是社會對個人傳授其文化或生活模式與團體價值的過程。

家庭教育對個人及社會的功能，大致上可分為下列數端：

表 2-3　家庭教育對個人及社會的功能

功能	內涵
建構社會規範	社會適應並傳遞社會文化的過程，個人能成功地扮演社會賦予的角色。
引發個人抱負	社會適應鼓勵個人在社會文化所允許的範圍之內，根據個人所具有的潛能，引發其抱負，實現個人理想之目標。
培養社會角色	社會適應就是訓練每一個人，依其能力和各種因素，來扮演社會的角色，並學習每一個角色所附屬的職務、行為模式等。
教導個人技能	個人為了有效參與社會團體，與他人互動，個人必須透過社會化學習角色的行為模式和互動的方式與技能。
個人基本訓練	小孩接受父母教導學習生活習慣能力，學習社會技能，充分發揮個人潛能，使其將來成功扮演社會角色。
養成社會品格	由動物人變為社會人時，受到社會影響自然形塑其人格而成社會品格。

（資料來源：作者整理）

教育一方面革新舊生活，一方面奠定新生活的基礎，教育的效果愈好，變遷結果也愈好。並不是所有的教育效果都能直接促進經濟發展，健全的教

育制度需要健全的社會為其輔佐，教育本身是現代化的推動機制之一，如果能得到其他社會力量的相互配合，它就成為堅強有力的現代化工具。

肆、品格教育的重要

藉由品格教育教導什麼是好的品格，讓每個人都能藉由練習來養成好品格。每天都照著這些特質去做決定，必會經歷到實際的、持續的益處。品德教育屬教育本質之基礎工程，乃兼顧知善、好善與行善之全人教育，其亦是對當代社會文化持恆思辨與反省之動態歷程，故於此刻循教育管道，強化具時代意義之品德教育，藉以促進家庭與社會教育之良性循環，確有其必要性與重要性。

品格教育的內涵是：教導一個人在知道絕對不會被發現的情況下，所呈現的行為表現（即一個人的真實品格）。至二十一世紀知識社會來臨時，隨著在物質生活逐漸富裕的同時，我國的社會型態明顯改變，社會問題層出不窮。傳統的倫理關係與道德意識式微，現代的倫理觀念與行為規範卻未有效建立，以致社會亂象頻生，犯罪問題嚴重。國民物質生活雖然富裕，精神生活卻顯貧乏；經濟生活雖然提升，人文精神卻漸失落。謝東閔說：「物質生活要簡單，精神生活要豐富」，並說：「大學教育要改變氣質，沒有改變氣質，則大學教育不算成功。」在經濟富裕的過程中，如何提振人文精神，實踐社會關懷，使物質生活與精神生活並重，經濟發展與人文關懷並行，是我國邁向開發國家所面臨的另一項重大挑戰。同時，在經濟富裕的過程中，如何加強生態保育、注重生活教育、重建社會倫理、以及推展生涯規劃，也是邁向開發國家的重要議題，有賴群人教育加以解決。

經濟發展難免側重「物質的改善」，人文關懷則強調「人文的開展」。物質的改善有其極限，人文的開展則永無止境。在經濟富裕過程的同時，不僅要注重物質的改善，也要注重人文的關懷。人文關懷是一種對人類處境與發展前途的深層關心，是一種對理性開展與道德意識的普遍關注，也是一種對基本人權與學習機會的全面關懷。缺乏人文關懷，將使經濟富裕失去意義；

注重人文關懷，將使生活品質更加提升。經濟生活富裕之後，人們必定尋求精神的充實與全人的發展。充實精神與發展全人的最佳途徑是學習。透過個人不斷的學習，可以持續獲得新知識，學習新技能，建立新觀念，激發新潛能，使全人得到圓滿的發展。經濟富裕過程的人文關懷，最基本的就是要提供國民均等的教育機會及全人發展的理想環境，來幫助每一個人開發其最大的潛能，實現其人生的理想。開發國家在經濟生活富裕之後，莫不致力於改善全民發展的人文環境。我們社會在邁向開發國家過程中的挑戰，不僅要繼續追求經濟生活的富裕，更應該重視全人發展的人文關懷。人文關懷的具體行動，應該表現在學習機會的充分提供，及個人學習責任的培養，而這些目的的達成實賴教育的發揮。

伍、家訓：諸葛亮家書

　　家訓為祖上對於後世子孫的訓勉，在我國重視家庭的文化，家訓亦成為重要的社會規訓。古往今來廣為社會推崇傳授的有：「周公的〈誡伯禽書〉」，「諸葛亮的〈誡子書〉」，「顏之推的《顏氏家訓》」，「司馬光的〈訓儉示康〉」，「包拯的〈包拯家訓〉」，「歐陽修的〈誨學說〉」，「朱柏廬的〈朱子家訓〉」，「李毓秀的〈弟子規〉」，「袁黃的《了凡四訓》」，「曾國藩的《曾國藩家書》」，等。成為傳統文化的重要組成部分。

　　本章以諸葛亮的〈誡子書〉為例說明家庭教育的重要性。從文中可以看出一位品格高潔、才學淵博的父親，對兒子的殷殷教誨與諄諄期望。經由智慧、謹嚴的文字，將普天下為人父母者的愛護子女之情表達得非常深切。「夫君子之行，靜以修身，儉以養德；非澹泊無以明志，非寧靜無以致遠。夫學須靜也，才須學也；非學無以廣才，非志無以成學。怠慢則不能勵精，險躁則不能治性。年與時馳，意與歲去，遂成枯落，多不接世。」

表 2-4　諸葛亮家訓

品德	德目	內涵
寧靜	「靜以修身」、「非寧靜無以致遠」、「學須靜也」	寧靜才能夠修養身心，靜思反省。不能夠靜下來，則不可以有效的計畫未來，而且學習的首要條件，就是有寧靜的環境。
節儉	「儉以養德」	要節儉，以培養自己的德行。審慎理財，量入為出，不但可以擺脫負債的困擾，更可以過著紀律的簡樸生活，不會成為物質的奴隸。
規劃	「非澹泊無以明志」、「非寧靜無以致遠」	要計畫人生，不要事事講求名利，才能夠了解自己的志向，要靜下來，才能夠細心計畫將來。
學習	「夫學須靜也」、「才須學也」	寧靜的環境對學習大有幫助，當然配合專注的平靜心境，就更加事半功倍。
立志	「非學無以廣才」、「非志無以成學」	要增值先要立志，不願意努力學習，就不能夠增加自己的才幹。但學習的過程中，決心和毅力非常重要，因為缺乏了意志力，就會半途而廢。
勤勉	「怠慢則不能勵精」	凡事拖延就不能夠快速的掌握要點。電腦時代是速度的時代，樣樣事情講求效率，想不到一千八百多年前的智慧，也一樣不謀而合。快人一步，不但理想達到，也有更多時間去修正及改善。
沉穩	「險躁則不能冶性」	太過急躁就不能夠陶冶性情。心理學家說：「思想影響行為，行為影響習慣，習慣影響性格，性格影響命運。」生命中要做出種種平衡，要「勵精」，也要「冶性」。
惜時	「年與時馳」、「意與歲去」	時光飛逝，意志力又會隨著時間消磨，「少壯不努力，老大徒傷悲」，「時間管理」是現代人的觀念，細心想一想，時間不可以被管理，每天二十四小時，不多也不少，唯有管理自己，善用每分每秒。
想像	「遂成枯落」、「多不接世」、「悲守窮廬」	時光飛逝，當自己變得和世界脫節，才悲嘆蹉跎歲月，也於事無補。要懂得居安思危，才能夠臨危不亂。想像力比知識更有力量，從大處著想，小處著手，腳踏實地，規劃人生。
精簡	「將複何及」	精簡的表達源於清晰的思想，精簡溝通更有效果。

（資料來源：作者整理）

第三章　現代家庭與家庭政策

前言

　　人類經由婚姻關係，共同組織家庭，這是古今中外普遍存在的一種社會制度。觀察在社會變遷的過程中，家庭結構與功能已有所轉變，我們若要了解當代人口與家庭的本質與面貌，不能只觀察眼前的家庭狀況，必須從整體社會結構與社會變遷的角度出發，分析婚姻家庭制度與其他社會制度互動的過程中，家庭如何被影響以及具有何種影響力，方能透析現代社會中的家庭，以建制周延的家庭政策。家庭政策的範圍與源起，都與人口政策息息相關。為因應人口結構的改變，社會變遷的需要，家庭成為人類行為與社會環境的核心機制，以建構社會安全網。

壹、現代家庭的變遷

　　家庭是人類社會最基本的單位，人的一生大多是在家庭中生活，人類的婚姻與家庭制度歷經工業化的影響，呈現核心化的現象，產生了功能上的變化，許多的家庭問題也隨之發生，例如老人安養或是幼兒托育的工作都已逐漸成為現代家庭沉重的負擔。隨著資訊化社會的來臨，婚姻與家庭的型態、功能或其可能出現的問題將更多元化，人們對於婚姻以及家人關係所抱持的價值觀也將不同於傳統社會。婚姻是家庭的基礎，現代家庭問題的產生不少源自於婚姻問題，而婚姻的成功與否又與擇偶行為有密切的關係。擇偶是一種社會互動行為，個人的選擇必然與其所處的社會脈絡具有密切的關係；因此，我們若要了解家庭的本質與現象，不能只觀察眼前的與個別的狀況，必須從整體社會結構與社會變遷的角度出發。

　　根據聯合國一九九六年報告《家庭：未來的挑戰》中提及「作為人類生活、演化的社會組織，家庭，正面臨歷史上最困難的挑戰。許多社會變遷太快，乃至於單就速度本身，即是家庭主要的壓力來源。世界各地的家庭，都需要支援，才能適應未來的變化。值得重視的是：歷經全球化、科技化的變遷，家庭樣貌急速改變，全球各國已將家庭政策視為國家競爭力的基石。」一九九四年，聯合國發動「國際家庭年（International Family Year）」，各國政府與民間組織，紛紛展開一連串的研討與行動方案。把過去被認為是「私領域」的家庭議題，第一次帶到政府公部門與國際公共論壇上。二〇一四年，是「國際家庭年」第二十年，在國際紀念論壇中，歸納了「家庭」的變遷與走向：

表 3-1　家庭的變遷與影響

特質	影響	內涵
人口結構	老齡化	世界多數國家的生育率都在降低，而嬰兒潮世代步入老年。六十五歲以上老年人口數已幾達三百萬人，同時呈現快速增長趨勢。
	少子化	臺灣目前的生育率只有百分之一左右，一年的新生嬰兒數不及於二十萬人。目前的撫養比是每七個具生產力的工作者，撫養一個人；但是未來五十年，這個比例很快會降到二個人以下。意味著家庭單位愈來愈小，但照護扶養的責任卻愈來愈重。
女性就業	嶄新兩性關係	女性勞動人口的比例愈來愈高，代表著父母都在工作的雙薪家庭將成為主流。如何幫助雙薪家庭擁有工作與生活的平衡，已經是先進國家家庭政策的最大挑戰；但是鼓勵女性投入職場的同時，社會必須提供足夠充裕的老人孩童照顧體系，企業必須更積極開放各種彈性工作模式，使得雙薪家庭不致因為時間和資源的匱乏，失去了教養下一代與照護老幼的能量；如何讓家庭中「照顧者」，不論是男性或女性，擁有社會同等的尊重，也是各國亟欲探討的主題。
不婚不生	人口快速衰竭	生不生，不再著重需不需要。「不生」的原因，不外是不結婚以及結了婚卻不生，雙薪家庭比「男主外」的家庭更傾向不生，雙薪頂客族特徵，常是夫婦年紀輕、居住都市、教育程度高。這些人口特性的夫妻，掌握了較多現代社會的資源，較容易做出不生的決定。現代人生不生小孩，是看個人有多愛孩子，而不再著重「需不需要」孩子。就性別來看，對女性職涯真正造成傷害的，不是結婚，而是生育，不婚與不生已是普遍的趨勢。

特質	影響	內涵
全球趨勢	家庭互動變異	全球化使得企業和經濟體的競爭日趨加速。全球化使得國與國間的經濟活動、資本進出、交易都日益頻繁，各種層面的競爭都白熱化。處於全面競爭下的人們，得對抗工作的高壓力，面對高失業和被迫提早退休的威脅。因此，社會政策，尤其關於家庭的福利政策受到嚴重的挑戰。
跨國婚姻	多元族群融合	全球化帶來的大規模移民，則是另外一股改變家庭面貌的力量。國內的「移動」，讓規模已經愈來愈小的核心家庭，更加支離破碎，家人間彼此的情感支援，變得珍貴又稀少。跨國的居民移動，不但深深影響移出的家庭，也對移入國家的社會和文化有適應的衝突。因為移民帶來愈來愈普遍的跨國姻緣，數量上快速成長，在某些國家，幾乎凌駕了傳統的婚姻，也讓傳統的家庭政策中的社會福利資源分配，被迫重新思考。
科技改造	價值重新塑造	避孕藥的發明，讓夫妻生育的選擇控制權，從過往「要生到什麼時候」，轉變成「要生或不生」，以及「什麼時候生」。不論東方或西方，價值觀走向愈來愈個人主義，而科技有推波助瀾的力量。資訊與傳播科技的進展，新的價值得以最快的方式大量傳遞。世界各個不同角落的人們很容易形成一致的態度。
家庭變形	多元家庭呈現	在西方國家，「婚姻」已經不再是家庭構成的「必要因素」。「法律上的家庭」將大幅減少。因為愈來愈多人選擇同居取代婚姻關係，不婚和不生已是許多人肯定的選擇。法國的新生兒中，百分之四十是屬於沒有婚姻關係的父母所生的「非婚生子女」。「單身家庭」也快速增加當中，以歐盟會員國為例，單人家戶（single household）從一九六一年的一千四百萬人，預計二〇二五年將會增加到六千萬戶，占所有家庭的三分之一。英國的稅法和政策已經因此而改變。家庭政策支援輔助的對象，不僅限於「有婚姻關係」的家庭，而擴及到所有形態的「家庭」。

（資料來源：作者整理）

　　家庭人口數的變化勢將影響家庭變遷，觀察臺灣自光復以來，從「嬰兒潮」帶來新生嬰兒人數的快速增長，有利於其後經濟發展的「人口紅利」。隨諸少子化衝擊，影響所及，包括：經濟、教育、國防、勞力供給等社會機能；為減緩影響，我們政府提出「祝妳好孕」的生育補助措施，亦有國家採取由政府鼓勵學校或機構培訓專業保育人員，讓職業婦女得以安心工作，以期新生兒能穩定成長。

貳、家庭政策的定義

　　「家庭」是社會體系運作賴以建構的基石，是個人人際關係發展的基點，家庭成員透過獨特的家庭經驗、關係網絡的累積，與另一個家庭或更大的社會網絡（例如鄰里社區、社會機構、政府組織等）產生關聯，以建構自己與家人在社會體系中的身分地位與生活形態。在傳統的中國社會裡，「家庭」更是社會體系中最重要的社會組織，舉凡一切政治、經濟、教育、宗教及娛樂等社會制度無一不受到家庭制度的影響，個人所在的「家庭」人倫關係網絡已不只是父母與子女的直系血緣關係，更擴展到包括數代直系與旁系的「親戚」或「家族」，而社會與國家不過只是家庭組織的延伸而已。正因此濃厚家族主義的盛行，除了大災變或飢荒等大型賑災行動會由政府介入外，個人的經濟匱乏或家庭關係的問題大多是靠著「家族」裡，非正式的社會支持網絡來提供協助或出面解決，不假外人之手。然而，過去二、三十年來，臺灣地區的「家庭」在快速的社會、經濟和政治環境變遷的衝擊下，家庭結構趨向核心化，家庭功能也逐漸縮小，家庭的社會支持網絡減弱，家庭內個別成員的生活福祉也不免受到影響。因此，面對近年來變遷中家庭的新建構與新挑戰，傳統立基於血緣關係的家族福利系統應如何充實與轉化，以協助家庭成員因應社會變動所帶給家庭種種失調的情境，成為未來社會福利施政與社會工作實施的重要議題。

　　隨著社會變遷、社會福利發展，對於家庭變遷所衍生之問題，逐漸被討論。尤其自一九九四年「國際家庭年」突顯大家對此議題之重視，家庭政策成為熱門的議題。遂有制定家庭政策之呼聲，政府擬定我國之家庭政策「本著尊重多元家庭價值，評估不同家庭需求，建立整合家庭政策群組機制，研擬以需求為導向的家庭政策。」於九十三年十月十八日行政院通過實施。借鑑於國外家庭政策之發展可分成四個階段：

表 3-2　國外家庭政策的發展階段

階段	內涵
十九世紀末	家庭政策第一次公開以「家庭政策」一詞發生於歐洲，可追溯至十九世紀末的法國，針對人口低出生率與低薪資的問題，提出家庭津貼或兒童津貼及現金給付等措施。
一九六〇年代	為因應貧窮現象及有小孩的低收入家庭特殊問題，發展出社會保障體系，如所得移轉、健康照顧、教育、住屋、就業及個人服務等措施。
一九七〇年代	針對單親家庭、寡母家庭、重組家庭等提供財務支援與兒童照顧服務，另亦針對性別角色平等所引起婦女勞動參與、雙薪家庭等提供親職假、兒童監護、兒童生活扶助與維持等服務。
一九九〇年代	家庭政策焦點主要在新家庭、家庭型態模式，寡母家庭與經濟上的不安定及貧窮，職場家庭如何平衡工作與家庭生活的需求。

（資料來源：作者整理）

隨著時代快速變遷，國人價值觀改變、性別角色觀念改變、異國聯姻快速增加、地球村觀念形成等等因素，導致現代家庭生活型態及生活方式與傳統家庭觀念有很大的衝突。了解家庭文化才能清楚面對未來，學習適當的溝通技巧才能妥善處理問題，進一步才能尊重並接納各種不同的家庭生活方式與文化。家庭文化包含家人間表達意見的方式、家人間生活的界線、家人間相處的氛圍、家庭生活作息的運作、家庭成員的自我肯定、家庭事務的分工與執行、家庭與外界接觸相處的情形等等。

叁、家庭政策的內涵

我國家庭政策制訂的核心思想，乃基於支持家庭的理念，而非無限制地侵入家庭，或管制家庭。國家與社會應認知家庭在變遷中，已無法退回到傳統農業社會的家庭規模、組成與功能展現；同時，也深信家庭的穩定，仍是國家和社會穩定與發展最堅實的基礎。

表 3-3　家庭政策的內涵

區分	內涵
廣義家庭政策	是將社會福利政策都歸類納入，如社會保險、社會救助、福利服務、國民就業、醫療保健等。
狹義家庭政策	是將範圍著重在家庭所得、生育率、已婚婦女勞動參與率、兒童托育與照顧、老人照顧等議題。

（資料來源：作者整理）

隨著社會的快速變化，無法再依循傳統以來的思維看待社會各項機能，而家庭所面對的問題與需求，亟需國家與社會給予協助。就整個社群的運作而言，

家庭生活是：凝聚親人溫情以為創造血脈相連的天地；

學校生活是：琢磨璞玉以為發展自我造福人群的準備；

社會生活是：傳承文化以為孕育相輔相成的和諧社會。

家庭如果能充分發揮「中流砥柱」的角色，將能讓我們的社會在未來充滿著希望，這也將是社會面對今日家庭的期待。

表 3-4　我國家庭政策的內涵

重點	內涵
保障家庭經濟安全	1. 建立全民普及之年金保險制度，保障老年、遺屬、有經濟需求之身心障礙者的基本經濟安全。 2. 結合人口政策，加強對弱勢家庭的經濟扶助，以減輕其家庭照顧之負擔，並確保家庭經濟穩定。 3. 運用社區資源，提供低所得家庭的青、少年工讀與接受高等教育機會，以累積人力資本，協助其進入勞動市場，並穩定就業。 4. 協助低收入家庭有工作能力者，參與勞動市場，及早脫離貧窮。 5. 針對不同型態的家庭組成，研議符合公平正義之綜合所得稅扣除額及免稅額，以保障家庭經濟安全與公平。
增進性別平等互動	1. 落實《性別工作平等法》及《就業服務法》，消除性別歧視的就業障礙。 2. 貫徹《性別工作平等法》有關育嬰留職停薪之規定，研議育嬰留職期間之所得維持。 3. 鼓勵公民營機構提供友善員工與家庭之工作環境，減輕員工就業與家庭照顧的雙重壓力。 4. 推廣與教育兩性共同從事家務勞動之價值。

重點	內涵
支持家庭照顧能力	1. 提供家庭積極性服務，減少兒童、少年家外安置機會，進而達成家庭養育照護功能的提升。 2. 建構完整之兒童早期療育系統，協助發展遲緩兒童接受早期療育。 3. 普及社區幼兒園設施、課後照顧服務，減輕家庭照顧兒童之負擔。 4. 鼓勵企業與社會福利機構合作辦理企業托兒、托老、及員工協助方案，增進員工家庭福祉。 5. 規劃長期照護制度，支持有需求長期照顧的老人、身心障礙者、罕見疾病病患之家庭，減輕其照顧負擔。 6. 提供社區支持有精神病患者之家庭，以減輕其照顧負擔。 7. 培養本國籍到宅照顧人力，減低家庭對外籍照顧人力的依賴。
協助解決家庭問題	1. 落實《家庭教育法》，提供婚姻與親職教育等課程，協助家庭成員增強溝通技巧、家庭經營能力。 2. 提供家庭服務，協助家庭增進配偶、親子、手足、親屬間的良好關係。 3. 為保障兒童、少年權益，協助離婚兩造順利完成兒童、少年監護協議，引進家事調解制度，以降低因離婚帶來之親子衝突。 4. 增強單親家庭支持網絡，協助單親家庭自立。 5. 提供少年中輟、行為偏差之處遇服務，以預防少年犯罪或性交易行為之產生。 6. 為終止家庭暴力，提供家庭暴力被害者及目睹者相關保護扶助措施，並強化加害者處遇服務，進而達到家庭重建服務。 7. 倡導性別平權，破除父權思想，加強家庭暴力防治宣導與教育，以落實家庭暴力防治工作。 8. 建立以社區（或區域）為範圍的家庭支持（服務）中心，預防與協助處理家庭危機。
促進社會多元包容	1. 積極協助跨國婚姻家庭適應本地社會。 2. 協助跨國婚姻家庭之子女教育與家庭照顧。 3. 提供外籍配偶家庭親職教育訓練與婚姻諮商服務。 4. 宣導多元文化價值，消弭因年齡、性別、性傾向、種族、婚姻狀況、身心條件、家庭組成、經濟條件、及血緣關係等差異所產生的歧視對待。

（資料來源：作者整理）

　　相關的家庭運作軌跡的轉變（transition）與延續（duration），皆有別於傳統家庭的運作型態。爰此，更需要社會安全制度的縝密規劃，以為因應。

同時，家庭政策的制訂，當以家庭為本位，明確家庭的定義，方可使政策服務明確到位。

肆、家庭政策的方向

隨著經濟與社會發展，人口與家庭結構變遷，我們將會面臨出生率下降、人口老化、離婚率增加、不婚與晚婚、女性勞動參與率上升、跨國婚姻增加、失業率升高、家庭的照顧增加、單親家庭的增加、家庭相關社會問題層出不窮、性別平權的國際發展趨勢等社會變遷現象的產生。現代社會宜建立適宜的家庭政策，以回應社會現象而且能引導未來發展方向，政策確立後，須輔以各項配套措施或方案，政策的目標才能逐漸實現。隨著現代社會家庭正面臨極大的挑戰時，家庭既是社會的基礎單位，整體社會須正視問題的存在，政府也須有明確的政策來回應家庭的發展。家庭政策應該朝下列幾個層面努力：

表 3-5　我國家庭政策的努力方向

重點	內涵
鼓勵生育以利人口結構	家庭平均子女數已降至不足二人，相應的人口老化將使臺灣人口缺乏活力，勢必影響勞動力供給與國家競爭力。另外為尋求結婚對象所引進的外籍配偶，連帶產生的家庭問題與社會問題，宜有周延的對應。由於本國婦女生育子女人數減少，相較於外籍配偶（含大陸、港澳）所生子女數增加，也就是說每七個到八個新生兒中就有一位是由外籍配偶所生，必須正視外籍配偶家庭的子女素質和教養態度將影響整體社會未來的素質。
促進出生性別比常態化	受到傳統文化左右，臺灣地區出生性別比這幾年一直維持在一一○比一○○左右，稍高於常態性的統計值一○五比一○○，這種趨勢的持續發展將使得未來適婚的男性更難找到結婚對象，造成部分的男性需向外尋求婚配對象，進一步提高外籍配偶的數量與外籍配偶所生的子女數量，將使得臺灣地區進一步地形成多元種族與文化融合的地方。

重點	內涵
家庭功能的增進與維護	出生率降低將使零至十四歲人口所占比率逐年下降,也就是說未來進入十五至六十四歲人口的人將逐年下降,老人比率持續上升,將來的勞動力負擔十分沉重;是以政府需要以積極的促進生育政策來提升生育率。積極的政策可包括:減稅、低收費又可靠的托育服務、課後輔導、育嬰假、產假、普及性的生育津貼、托育津貼及兒童津貼等等措施。
家庭政策回應社會變遷	當晚婚與遲婚成為社會變遷的趨勢時,勢將導致少子化及家庭內涵的改變。連帶地,隨著年歲較長的婚配組合和家庭運作機能的調節;諸如:自我概念、心理狀態、夫妻互動、親職關係、家庭生計、退休安排以及經濟安全等。
家庭服務體系完整運作	家庭福利服務輸送體系的建構,應包括支持性、補充性、保護性及替代性等四個層次的資源介入,目前投入家庭福利的資源,多以補充性和保護性為主,亦即多著眼二級及三級預防,在家庭問題出現後才介入,但又因為人力不足,導致第一線工作人員疲於奔命;而且預防問題產生的支持性服務,沒有整體規劃呈現零散現象,並未發揮預防效益,導致因家庭功能破壞所產生的少年中輟、家暴等問題愈趨嚴重,以致最後一道防線之替代性服務需求倍增,但是像少年安置機構與寄養家庭等資源嚴重不足,因而形成家庭政策落實的落差。
強化家庭服務專業人員	專業人力的素質攸關服務提供之深度與廣度,對服務品質好壞影響甚巨。廣義而言,家庭福利服務專業人員,應包括社政、衛生、教育、警政、司法等會涉入家庭議題之專業人員,換言之,協助建構完整的家庭功能,是一項跨專業、跨組織的工作,任一環節功能不彰均會影響到整體家庭福利服務輸送體系之建構工程,因此,需要透過教育與訓練提升專業人員的人力素質,以形成一致的目標與共識,並建立合作默契,才不致形成各行其是、互相推諉責任之情形。
建置多元友善家庭政策	現今臺灣人口結構,朝向老年人口增加、幼年人口減少之變遷趨勢;勞動市場結構亦朝向婦女就業、雙薪家庭之方向發展,再加上單親家庭增加、離婚率上升之現象,皆讓傳統家庭之育兒、養老等照顧功能削弱衰減,無法發揮健全的家庭功能,再加上人口移動、跨國就學、就業、通婚的現象,產生相當程度的社會衝擊,進而衍生各種家庭福利需求。

(資料來源:作者整理)

　　在家庭結構的轉變方面,核心家庭比例增加,小家庭化是臺灣家庭型態之趨勢,過往連結家庭資源、提供家庭支持的血緣情感因素,在現今社會中漸形衰退,家庭支持性功能面臨新的挑戰。面臨家庭結構重組、功能削減的危機,透過政府的介入來支持保護家庭傳統既有之功能,已成為目前社會福

利政策的走向，無可諱言政府的責任必然加重。尤其與家庭相關之法案陸續修訂，如《兒童福利法》、《家庭暴力防治法》、《民法》修訂等，正式將法入家門、公權力介入的實際作為，具體化地規範在相關法律中。然而，徒法不足以自行，整體家庭政策的落實仍亟待建構。

　　根據統計核心家庭雖然在臺灣地區仍然是占大多數，但是單親家庭、外籍配偶家庭、隔代教養家庭等等家庭型態也逐漸增加。家庭政策除了要能夠明確建立國家對家庭的遠景，更需要能夠滿足家庭的需要，因此，家庭政策需具敏銳度與實用性，以回應於多元社會發展下的多元家庭需求。

結語

　　當人類出生時，家庭便負起哺育、養育、教育的責任，家庭左右個人的人格發展，也塑造個人的態度、信仰和價值。透過父母兄弟姊妹的互動，個人得以漸次成長並參與社會，只有在家庭，兒童才能滿足一切需要，經由家庭引導並學習社會角色，是以家庭提供了一個人人格形成、人格教化及人格發展的條件。根據佛洛伊德（S. Freud）的分析認為：發展兒童的「超我」（superego）是家庭對於個人教化的主要功能，它慢慢地灌輸給兒童有關道德價值及社會規範，於是兒童獲得了控制其行為的有效指導，也因而能夠順利參與社會生活。中國傳統上有「三歲看大，七歲看老」的俗諺，亦說明了家庭對個人人格陶冶的重要性。良好而健全的家庭教育將使兒童能清楚認知社會角色，並且使得個體能夠圓順地展開在日後的生活，家庭對於個人人格發展的確具有絕對性影響力。

　　事實上家庭所扮演的功能是總合的、多樣性的，個人的許多問題，如果能夠在家庭內加以解決，則此項問題就不必延伸到社會；因此，家庭不出問題，社會的問題也較少；相對的家庭不能加以解決的問題，勢將造成社會須花費更大的成本加以解決。一個個體能夠順利完成社會化以進入團體生活，端賴：家庭、學校、同輩團體、職業團體、大眾媒體等機構對個人的教化，其中家庭是個人社會化第一個單位，也是最重要的單位。

第四章　現代消費與家庭經濟

前言

　　從有人類文明開始，人類即有消費行為，舉凡古代的以物易物行為，隨著時間的演進，生活水準及欲望需求的提高，使我們的生活也愈益多樣化及分殊化。臺灣社會在二十世紀七〇年代進入經濟高度成長時期，生活水準急速提升之後，消費的內容不斷改變，使我們對商品及消費的欲望，不僅尋求單純的實用功能，同時也追求現實價值，以及象徵性價值。逐漸出現「個性化消費」、「多樣化消費」、「成熟化消費」等各種現象，連一般實用性及功能性的商品，也被期望能附加這類價值。

壹、消費的主要意涵

　　所謂消費是指生活行為的自我目的化。諸如：吃、喝、穿、行、看、聽等生活行為，當其本身進行自我企求時，消費便得以產生。在現今臺灣的社會，消費者的行動不只僅限於「物的消費」這一經濟行為，而且更轉化為有關物品的感性和意象的消費這一文化行為。因為經濟發展的緣故，家庭中的消費也已達到飽和階段，可謂「吃飽穿暖」，不再只追求物品的實用性。生活世界的膨脹不僅擴張了日常世界，同時也擴大了個人、社會、遊憩、競爭等現實世界，以及價值、符號、審美、信仰等象徵世界，使一項商品不僅擁有單一的價值，也同時具有多元的價值。例如：在飲食的消費上，是否飽足這個實用性並不是大眾消費者所追求，消費者轉向考慮飲食的多元價值，像在地食材、有機食物、健康元素。飲食上的多元需求提升了飲食的文化，促使人們去消費。

　　法國社會學家鮑德利雅爾（Bourdieu）認為消費不再是以物品價值的使用為目的，其已經轉換為以符號的價值及象徵意象的擁有為目的。這麼一來，可以說消費不只是經濟的行為，更轉化在種種符碼下，成為特有的價值與功能，消費者之所以肯多花錢去購買個性化商品，就是因為想追求與眾不同的心理，而個性化的商品較之一般的商品，又多那麼一點點不同的味道，正符合這樣的需求。強調：「物品必須成為符號，才能被消費。」亦即，具有意義性及象徵性的商品與服務需求擴大。其蘊含著商品的兩種特性：

表 4-1　商品的特性

分類	特性	內涵
物的價值	使用價值	商品具有的品質、功能、性質所塑造出的價值，這些價值具有實用性；而展現其價值，例如：餐飲活動人們注意卡路里及碳水化合物的攝取量。使用時消費者擁有實用價值。
符號價值	交換價值	由商品的設計、顏色、品牌、廣告等，所塑造出的價值。這些形成了商品的意象，而成為消費者感性的選擇對象，形成了符號性的價值。階級符號領域是將方便舒適的實用商品，藉著高價值或高品質成為世人所羨慕的目標，進而成為誇示地位階級象徵的生活市場。

（資料來源：作者整理）

　　消費者要了解自身活動對地球的衝擊，體認個人行為對環境的影響，進而影響家人、朋友一起節約資源與採用綠色產品，必要時，也能透過不同管道直接或間接向廠商反映他們的綠色需求。

表 4-2　採用環保產品內涵

階段		思考
購物前		1.這個商品確實有需要嗎？2.這個商品合適嗎？3.這個商品耐用嗎？4.這個商品可重複使用嗎？5.這個商品可以不買嗎？6.這個商品丟棄時是否會危害環境？7.有無替代品？
購物時		不衝動、不好奇、不貪心、不回收者拒買。
使用後	想想看	物品可否回收再生，或再做利用。
	做做看	請依照回收管道，讓它達到回收再利用的目的。
	送送看	轉贈給需要的人。

（資料來源：作者整理）

　　然而，在觀察消費行為時，值得注意的是關於消費的知識、內容、方式、地點等因素，可以變成某一些價值評判的標準，似乎必須買某種食品才是好公民；喝某種茶才是新新人類；吃某食品才能美麗窈窕等，凡此種種皆屬消費者在現代社會要察覺的。

貳、消費行為的解析

一、現代化理論

　　美籍學者史美舍（Neil J. Smelser）將現代化看成是一個傳統社會試圖工業化時發生於其每一部門內的一連串變遷。現代化的特質可從兩方面來看：一為現代社會結構的特質；一為現代人的獨特人格。它牽涉到一個社會內的經濟、政治、教育、傳統、宗教等之持續的變遷。這些特質在現代化的過程中，逐漸表現在社會各個層面中，包括關係著人們生存最重要的食、衣、住、行、育、樂等方面。現代社會的專業化及分工性，人們為了追求更高更有效率的成果，紛紛將本應列屬於家庭中的功能分離出來，分配到不同的單位和專業機構。在自由市場的催化下商家為謀利益，不但更專業化且朝向多樣化發展。再加上現代人有追求效率、方便、願意接受新經驗、樂於改變、希望獨特等特質，使得消費迅速擴張，發展多元化以符合人們的個性分化，提供快速、方便的消費以配合忙碌的現代人，推出新品牌以迎合喜於求變的消費者。因此，現代人消費的目的，已不僅僅在於滿足基本需要，其中更包含了現代人的意識型態、價值觀念、個人信仰等多面而複雜的考量。經由媒體塑造大眾的商品取代性格，使消費者以為地位的高低、知識的多寡、時代的潮流、個性的區分等是以消費行為及內容來考量，而忽略了行為本身的真正目的。

二、消費飽和論

　　臺灣的生活水準，在經濟高度成長時代急劇提高。相對地，消費能力亦大幅的提高。在過去需求超量，供給不足時代，大量生產的商品也會在需求超量的情況下被推銷出去，此時生產者處於主導地位；而在今日需求不足，供給超量的時代，消費者意識抬頭，以往的那種爆炸式的大量消費已逐漸消失無蹤，取而代之的是具有共同愛好和感性的人們以細微的差異和感覺印象為軸心的消費。製造廠家的運用媒體的影響力，強力地主導人們的消費趨向，使大多數人在不斷強力的宣傳中受其左右，改變了消費的觀念與行為，很多的商品迅速普及到大部分消費者。結果，大部分的消費者的消費欲望已達到飽和的狀態。

　　消費飽和論強調消費行為已成了作為一種為發現自身欲求而進行的自我探求性質的行為。唯有能表達其心聲、打動其內心深處情感的產品，才能引起消費者的興趣。

三、符號理論

　　從符號的互動論的立場來看，社會不過是一群以形象來互動的人群，社會變遷的產生，乃在於互動中個人對形象的運用和詮釋的改變。符號理論強調，商品的符號具有一定的意義（signified）。該意義在以前被視為隱藏在商品裡，由於社會價值的轉換，促使人對商品的認識，有很大的轉變，已由使用價值到象徵價值。人們對於商品原先的解釋從實用性（如：好不好用？），更進一步要求表現性或差異性，而品牌與品牌間的好壞差別並沒有一定的標準，可能只是大小、輕重、特別不特別或有名氣不具名氣的差別。商品的符號和實物有了距離，進而以符號來創造出差異性，來滿足消費者在日常生活中希望與眾不同的需求。若經濟能力許可的話，能消費更好的商品幾乎是所有消費者的希望。人們希望藉著商品來顯示自己的與眾不同及追求時尚，表達其與他人的特殊品味，如身分、地位、階層、個性、品味等，消費的已不純粹是商品本身，更重要的是一切與商品有關的意象所連帶的附加價值。

現代社會的消費，很明顯地由功能性消費轉變為符號性消費，著重的是商品被附加上「某種符號所代表的意義」。符號的運用、轉換及其意涵，在當前的社會消費中，占有舉足輕重的影響。

四、戲劇理論

美國學者高夫曼（Goffman）於戲劇理論強調：「一個角色是一系列適切的行為模式，經由協調以顯示其中的內涵。」社會地位的占有者必須在社會角色的扮演上受到他人的審視，炫耀式消費就是有閒階級表現在日常生活中的「自我演出」。有閒階級以非生產性方式來消費，是想藉這些炫耀式消費彰顯時尚，其目的是要他人清楚地感受到。廠商也會投其所好以高級商品等於高價位商品，因高級品使用的原料、品質較好，價格也較高，又需要較多的人力加工，勞資較高，所以其價位也就「水漲船高」，形成以價制量的經營策略，以炫耀性消費來「彰顯面子」，更成了個人炫耀其權力的一種手段。Goffman 描繪此一消費者與廠商的「聯合演出」的表演技巧和特色。這些表演技巧和特色在有閒階級的消費和高價製造商中都有淋漓盡致的表現。是以，「一旦他人出現，個人往往會在他的動作中加上信號，以戲劇地強調和描繪有待確認的事實，經過反覆的對話以為釐清及定位，否則他們會一直晦暗不明或模糊不清。」在富裕的社會，炫耀特殊地位、或個人價值不再是掌握在少數的菁英，一般稍有能力的人便躍躍欲試，體驗被人注目的經驗，成為今日消費的型態。

五、社會結構理論

如同德國學者韋伯（M. Weber）指出：生活風格是地位團體相互認同的標誌。社會結構理論強調人作決定時都受社會結構的影響，其行為深受個體在社會位置的左右，受到社會價值的制約。人作決定多半是度量當時各種形勢，考量需要，以所知的資訊而做出決定，不斷地修整對形勢的觀察，搜集各種訊息，參考別人的行為進而納入自己的決定，決策是動態的過程。Bourdieu 指出，消費行為與品味息息相關，品味是來自一個複雜的社會過

程，包含了對某些社會資源的掌握，對某些知識的擁有，個人性格、生活型態等，人們藉著品味的不同標示出與另外一群人的不同。易言之，品味是一個人對社會結構的反應，是消費社會中個體外顯的表現方式。

魏伯倫（Veblen）強調消費不僅有實用價值，而且也代表階級與權力的象徵性符號價值。消費行為最主要的參考團體是區域團體（Local Social Groups），亦即在我們周遭，與我們經常互動的一群人，在我們接觸的一群人中，以他們作為參考。

六、人際關係網路理論

人際關係網路理論以一個新的角度觀察消費者行為，消費者往往會不斷地與別人互動。既不過分強調個人的自由意志，也不誇大社會、文化對人的限制性，而是把個人偏好放在互動的關係網路中去觀察，因此更能掌握人的行動的本質。對於同一個人，不同型態的消費會有不同的意見領袖。強調人的自由選擇空間，及每個人有自己個別的偏好。但另一方面它又把個人的消費行為放在社會結構中觀察，注重人際關係網路裡的互動如何影響個人的偏好。時尚消費的意見領袖，則通常以年輕人為主。現代人樂於表達個人意見及勤於吸收新資訊和知識的特質，提高了對於消費的品質、形式的要求，也帶動了精緻消費的興起。在消費行為中，意見領袖是多元的，不同階層的人其意見領袖都不同。且常是個人意見去尋找意見領袖，人們往往在周遭的人中尋找意見領袖，以作為消費時的基準。

叁、現代社會的消費

消費是一種集體行為，一項具有時尚性的消費剛開始參與者很少，但後來會有愈來愈多的人因得到示範而參與，最後受到大家都參與的影響下，消費者會承受到社會引導及壓力，而像滾雪球般的增加。韋伯（M. Weber）就人類社會發展觀察，認為資本主義有著深遠的影響。西方近代經濟行為的特徵，與其說在營利性的強烈，毋寧說在營利活動與事業精神及合理經營作風

的結合，這事業精神與合理經營作風，是因為喀爾文教教義的作用，是宗教改革以來的基督新教之天職思想及制欲精神的產品，而天職思想所以能產生這種效果，信徒為獲知或確信上帝對自己的恩寵（即拯救），必須在職業上實行合理的制欲生活，就此而有了合理的企業精神和經營的作風。資本主義的精神可有下列諸端：職務的責任觀念，獨立自營的個人主義精神、合理化的意向、功利主義的社會服務精神，以及上列精神作風相結合的營利觀念。資本主義精神在二十世紀中發生微妙變化，包括：強調自由市場，著重個人競爭以及科技運用所帶來富裕社會的影響。使得在自由市場的消費系統中，一方面商業公司要求個人努力工作，重視自己的事業成為一個有效率的組織人；而另一方面又推行玩樂、鼓勵消費。由於技術的革命以及生產線、市場和分期付款這三個社會發明，使得社會強調消費和物質的擁有，生產者與消費者妥協與同業激烈競爭的結果，使得消費符號化便順勢而興，摧毀了傳統強調節制的價值系統。先進社會成為富裕的社會，高水準的生活享受才是社會變遷的主力，也由於富裕的本質促成了奢侈，一個白天講求實在而晚上卻追求時髦逸樂的人，逐步自「為工作而消費」，到「為消費而工作」的變遷。

後工業社會在消費上已為現代主義的原則所宰制，喀爾文教教義所揭示的新教倫理和清教氣質已為享樂主義所取代。就此，現代消費的倫理和享樂主義共同形塑資本主義的特質。再加上來自於現代消費的本質，例如工業制度的講求經濟化原則：重效率、最小成本最大產出、極大化，強調功能理性、技術專家決策構定、功績主義制度的報酬等等。由於技術革命（如汽車、電影、電器化的家庭設備等等），開闊了封閉的社會，而廣告的催化和「有計畫的消費」與信用卡等新的社會機能，使得人們關注在身分地位和品味嗜好的成就上，不再強調如何去工作，如何去求得功成名就，而著重如何去花費，如何去享受。消費者也不再滿足於普通的商品，其消費轉而傾向珍奇的、休閒性高的、或富於刺激性及瞬間性的，或感性、知性的產品。從人人只能彼此相同的「大家都不錯」轉化為具個性的「個人覺得理想」。

肆、家庭經濟學內涵

　　經濟學是門探討理性選擇，使用資源配置的科學；也是一門強調經世濟用的科學。家庭經濟學（Family economics）為經濟學的分支，是研究家庭的各種經濟活動，包括日常生活的生產、消費、休閒、工作、儲蓄、貸款等；一個家庭好似一個社會的經濟系統。例如勞務分工、財產分配、決策程序，以及家庭的經濟現象，如婚姻、生育及子女數等。隨著工業革命所帶來的社會劇變，固然為人類生產方式引導使用機器的便捷性，生產產品無論數量或是質量均超越之前的手工藝年代，形成家庭經濟的質變。韋伯（Max Weber）在所著的《經濟與社會》分析，認為經濟的歷史發展脈絡體現為從傳統經濟行動向理性經濟行動的演化，資本主義經濟就是這一理性化趨勢的結果。理性經濟行動具有以下特徵：

　　一、經濟行動者有計畫地分配他一切可運用的現有與未來的資源。

　　二、他同時還能把資源按其重要性的順序分配於不同的可能用途。

　　三、在擁有生產工具的支配權時，能以計畫的生產方式獲得利潤。

　　四、當事者可以有計畫地通過結社取得對有限資源的共同支配權。

　　探討經濟學則會追溯亞當・史密斯（Adam Smith），史密斯締造了經濟學的理論體系，其所代表的經濟學思想，以「看不見的手」的論述，尊重「市場機能」（market mechanism），排除任何人為的干預，讓市場中對於人、事、物的供給與需求自然達到一個均衡的狀態，促使人類福祉的目標。二十世紀三〇年代的世界經濟大蕭條發生，凱因斯（J. M. Keynes）的計畫經濟思維，則提供了國家的新職能、預算赤字、公共債務和貨幣創造等政府的財政與貨幣政策，被納入經濟自由市場之中思考。原來被視為干擾市場的政治權力，成為「混合經濟」的重要解救經濟崩盤的變項。隨著社會的發展，現今在高度分工的社會，資本主義已成為影響社群的一項制度，商品的生產和消費不分離。資本主義表現在：

　　一、私人的獨立生產企業自由占有所有的物質手段如土地、設備等。

　　二、合理技術導致了合理的預測以及生產和流通領域的巨大機械化。

三、個人付出勞動不是迫於政治、法律義務，而是出於經濟的考慮。

四、經濟的商業化即企業股份公司化，促成了資本主義投資與投機。

德國社會學家桑巴德（Werner Sombart），是以資本主義來分析經濟歷史的學者，在他的《現代資本主義》一書中，就以精神、型態與技術三個要素來說明經濟社會的轉變。就此他分析資本主義為：

表 4-3　資本主義的歷史分期

分類	時期	內涵
早期階段資本主義	十三世紀中期到十八世紀中期	這時還有工藝時代的標誌，傳統主義還很有力量，經濟活動尚重個人與家族。
全盛時期資本主義	一七五〇年到一九一四年	這時利潤的原則與經濟合理性瀰漫在所有的經濟關係當中。市場擴張、企業規模加大、科學的機械技術被利用，而人群關係變成制度化而非個人。
晚期階段資本主義	第一次世界大戰之後	國家角色日形重要，而公司裡企業心態逐漸衰落，代之而起的是官僚心態，現代資本主義精神銷蝕了，只有型態和技術尚存。

（資料來源：作者整理）

雖然資本主義社會制度的私有財產權制正是讓經濟上的交換與生產能夠順利進行的保證，但是由於人和人之間存在訊息不對稱，這使得專業的一方比另一方知道一些有價值的特性，也可以隱藏訊息而坐享其成。因此，不論制度如何安排與設計，仍會出現某種程度的市場不完全。全球化過程帶來工業的發達與經濟的繁榮，進一步也使家庭消費觀念產生變遷。「民以食為天」就食的方面而言，從前的飲食活動幾乎都合併於家庭生活內，鮮少有在外就食的情形，通常只有在特殊情況下，如請客宴會才有到外面飯館或飯店或請外燴來提供服務，平常大都為自給自足的形式。在消費內容一樣的年代裡，並且受到西方飲食習慣的影響，速食及連鎖店等消費的餐飲業也迅速擴增。到了個性化消費時代，人們基於飲食營養均衡的考慮，對於進食環境有了多元的看法。現代社會呈現分殊及專業分工，教育事宜交給教育單位，娛樂交給娛樂場所，宗教交給宗教團體等，同樣的，飲食就交給飲食業者。因

此，外食人口劇增，飲食市場蓬勃發展，同時也增加了業者間的競爭情況，而競相研發新的產品，同時消費者開始講究口味。在社會變遷、經濟能力提高後，物質層面的獲得已不足以滿足人們的需要；消費的目的已不單是消費本身，產品的消費亦不是產品本身的實用價值，而賦予產品更多的抽象價值，希望從產品中得到個人意義，實現自我。

結語

在目前精緻消費的社會裡，許多商品或服務都增加了炫耀性特色。通常消費者都以價格，作為高級低級商品的衡量標準。不僅是消費者，隨著國民所得大幅提高，消費者對高級品的消費意願日益提高，高級品的需求量就相對增加，於是其價位也跟著高漲。消費者以消費及擁有高價位的商品（作為身分地位的表徵或用以炫耀他人）而感到驕傲或自豪。例如：今日的服飾衣料著重的並不在於可以保暖或包裹身體的實用性，而是由於花色及設計的特色，社會大眾對該服飾的評價，重視是否為名家設計，如果是尖端的名家設計師的服飾，就具有炫耀性的消費。

第五章　飲食與健康

前言

　　人生需要的是一個健康的身體。有了健康，我們才能憑著自己的努力，朝著目標去經營，塑造一個屬於自己的人生。「民以食為天」，飲食是人類維持生命的基本條件，與人的健康長壽有密切的關係。「吃」說來容易，但要使我們每日的飲食達到「吃得飽」、「吃得好」，更要從科學的觀念，合理且適當的「吃出健康與活力」卻是需要下一番功夫的。合理的飲食方式，自然的健康食物，均衡的營養，是健康長壽的一項重要因素。

　　健康並不是代表所有的一切，但是沒有健康，所有一切就落空了。飲食不僅在中國文化上占很重要的地位，飲食與健康更是有極密切的關係，連帶的也和我們生活的品質息息相關，吃得好，身體健康，精神爽，工作效率好，成效高，心情愉快，人際關係也比較和諧。我國人在飲食的發展上，從「飽」，到「好」（補身、營養、新奇），至今「精緻」（品味、健康、養身）。

壹、食物的主要分類

　　我們的美食更常常吸引外國朋友遠道來臺品嘗，近年自然健康的飲食風氣盛行，在兼顧營養中以頤養健康，用富營養的食物，吃出自然與健康。良好的營養攝食，對一個人的健康有著正面的助益，營養學正是研究飲食，對人體所產生功能的學問。食物的選用，以多選用新鮮食物為原則。就食物的分類為：

表 5-1　食物的分類簡表

類別	重要
五穀根莖類	提供熱量及部分蛋白質、維生素、礦物質及膳食纖維，包含飯、麵、玉米、番薯等五穀雜糧。全穀類食品（如糙米、胚芽米、全麥麵包等），具備更豐富的維生素、礦物質及膳食纖維。
油脂類	烹調用油，提供熱量、脂肪及必需脂肪酸。肉及奶油具動物性的飽和脂肪，植物油作為烹調用油，可使脂肪酸的攝取比例較為符合健康的需要。
蛋魚肉豆類	提供蛋白質、部分熱量、脂肪、維生素及礦物質。「豆」是指黃豆及其製品（如豆腐、豆干、素雞等），其他如綠豆、紅豆是屬於五穀根莖類，四季豆、菜豆是屬於蔬菜類。
奶類	提供蛋白質、部分熱量、維生素及充足的維生素 B2 和鈣質。
蔬菜類	提供充足的維生素、礦物質及膳食纖維。深綠色及深黃紅色的蔬菜，維生素及礦物質的含量比淺色蔬菜豐富。
水果類	提供熱量及充足的維生素、礦物質、膳食纖維。如芭樂、橘子、柳丁、芒果、木瓜、文旦等。

（資料來源：作者整理）

　　沒有一種食物含有人體需要的所有營養素，為了使身體能夠充分獲得各種營養素，必須均衡攝食各類食物，不可偏食。每天都應攝取五穀根莖類、奶類、蛋豆魚肉類、蔬菜類、水果類及油脂類的食物。美國的金字塔飲食指南提供健康飲食的理念：

表 5-2　美國的金字塔飲食指南

層級	類別	內涵
最頂端	油脂、糖	必須適量攝取，以預防成人慢性病。
第二層	奶類及肉豆蛋類	不宜過量攝取，不過量絕對是對自己健康有益的，站在生態學的角度也可以減少地球的負擔。
第三層	蔬菜水果	以攝取充足的維生素、礦物質及膳食纖維，含有豐富纖維質的食物可以降低血膽固醇，有助於預防心血管疾病。
最底層	五穀根莖	是最基本、最重要的食物，米、麵等穀類食品含有豐富澱粉及多種必需營養素，是人體最理想的熱量來源，應作為三餐的主食。

（資料來源：作者整理）

貳、食物的健康元素

食物為維繫人類生命的基礎，飲食的課題不斷的演進；當今由於社會富足，飲食呈現多樣化，常云「病從口入」，尋求刺激，為滿足口腹之慾，追求流行，未曾探究這些東西吃下肚之後會對人體健康產生的後果。由於飲食不當，造成身體極大負擔。因此宜了解食物所蘊含的營養素：

表 5-3　食物蘊含的營養素

類別	重要	食物	
蛋白質	蛋白質是人體細胞、骨骼肌肉、毛髮、血液的主要成分，可以供給人體新陳代謝所需的熱能，並且促進生長與發育。缺乏蛋白質時，身體各部分的發育就會變得十分遲緩，嚴重時會引起貧血及水腫。所以每個人該攝取足夠的蛋白質，以維護身體的健康，對於發育中的兒童以及孕婦，蛋白質更需要大量攝取才行。	以瘦肉、蛋、奶、魚、米食、麵類等含量較多，素食者則應從豆類中獲得補充。	
脂肪	是人體必需的營養素之一，它主要的作用是供給身體所需的熱能，並且使脂溶性的維他命能夠順利地被身體吸收利用。動物性脂肪含有飽和的脂肪酸，攝取太多容易引起動脈血管硬化或心臟方面的疾病。植物油中所含的不飽和脂肪酸雖然無此缺失，但是攝取太多也會引起肥胖等後遺症。	動物性	奶、豬油、牛油、雞油。
		植物性	大豆、花生、菜籽、芝麻、玉米。
鐵質	是造血的主要成分，人體缺鐵的時候，就會出現貧血、頭暈目眩等症狀，身體也很容易疲倦。多吃鐵質含量較多的食物就可以獲得改善，尤其是菠菜鐵質含量很高，但熱量卻很低，是很好的鐵質補充劑。	蛋黃、動物肝臟、深綠色蔬菜、葡萄乾。	
鈣質磷質	鈣、磷是構成牙齒和骨骼的主要成分，也是維持體內酸鹼平衡的重要營養素。攝取足夠的鈣質，可促進正常的生長發育，並預防骨質疏鬆症。國人的飲食習慣，鈣質攝取量較不足，宜多攝取鈣質豐富的食物。人體如果缺乏磷和鈣時，容易產生骨質疏鬆、牙齒發育不全等症狀，對於成長中的孩童以及孕婦顯得特別重要。	蛋、奶、黃豆、小魚乾、堅果、肉類、海鮮等。	
碘質	碘是甲狀腺素的主要成分，主要的功能在於維持甲狀腺素的代謝正常，防止甲狀腺腫大。缺乏的時候，甲狀腺就會浮腫。不過碘如果攝取太多，又容易引起甲狀腺機能亢進、引起內分泌失調，所以攝取時要適量。	海帶、紫菜、海產以及食鹽。	

類別	重要	食物
鉀質	是掌控尿液的排放，跟體內水分的調節息息相關。	水果、綠色蔬菜、肉、魚、穀物、堅果。
氯質 鈉質	氯可以促進消化液的分泌，鈉有助於維持體內正常的水分。	食鹽。
纖維質	食物中的纖維本身並沒有任何的營養價值，也無法被身體消化吸收。但是可以幫助消化，促進腸胃的蠕動，使排泄順暢。	蔬菜、水果。
碳水化合物	碳水化合物又稱為醣，舉凡各種澱粉質食物都含有大量的碳水化合物，吃了不但可以充飢，而且在消化吸收之後，更可以轉換成熱能，提供身體活動所需的能量。有些人為了減肥，凡是含有糖分或澱粉質的食物一概拒吃，這是錯誤的。身體如果缺乏碳水化合物，身體熱能不夠，容易怕冷，體重會逐漸減輕，動不動就易疲勞，身體各種機能也會有衰退的現象。所以適當地攝取碳水化合物是必要的。	米、麥、馬鈴薯等五穀雜糧。
維他命 A	增加人體對疾病的抵抗能力，如果缺乏容易罹患夜盲症、眼睛畏光、頭皮屑增多、以及皮膚乾燥等症狀。一般黃綠色的蔬菜和水果含有大量的葉紅，亦即俗稱的胡蘿蔔素，經人體消化後會有一部分轉變成維他命 A，供應人體所需。	奶、肝臟、乳酪、蛋黃、魚肝油。
維他命 B	維他命 B 群就像一個團體一樣，常常成群結隊出現在食物中，屬於水溶性的維他命。這個成員包括維他命 B1、B2、B6、B12，以及葉酸、菸鹼酸、泛酸等，主要功能是促進生長發育、預防疾病、增進食慾。缺乏維他命 B 群時，容易產生記憶力減退、生長遲緩、食慾不振、頭暈目眩等現象，嚴重缺乏時，則會出現口腔炎、溢脂性皮膚炎、角膜炎、嘔吐、腹瀉、以及心臟肥大等疾病。	穀物、豆類及蔬果、肉類、動物肝臟、奶、蛋、酵母製品。
維他命 C	維他命 C 是水溶性的，極易在熱時遭到破壞，也常隨著尿液及汗水排出體外，富含維他命 C 的食物如果沒有趁新鮮食用，放久了維他命 C 也會逐漸消失。它具有促進紅血球造血的功能，可以維持正常的新陳代謝，增強疾病的抵抗能力，並且有助於鐵質的吸收及傷口的癒合。此外，維他命 C 還可以養顏美容，避免在日晒後產生黑色素的沉澱，使肌膚美白。缺乏維他命 C 時，身上的傷口不易癒合，血管會變得脆弱；牙齦容易出血，極易導致壞血病，不過只要多吃，可以獲得補充。	深綠色的蔬菜以及各種新鮮水果。

類別	重要	食物
維他命 D	維他命 D 是一種脂溶性的維生素，可以促進鈣、磷的消化吸收，維護牙齒、骨骼的正常發育。缺乏的時候容易出現骨質疏鬆、軟化的現象，導致佝僂症；牙齒也容易鬆動或傾斜。平常只要讓皮膚晒點陽光，體內自然就會產生維他命 D。	奶、蛋黃、魚肝油、木耳、香菇。
維他命 E	維他命 E 可以增進荷爾蒙的分泌，加強血液循環，防止血管栓塞或硬化，並且減少膽固醇的含量。此外，它也可以預防肌膚老化，減少流產或早產等情形。人體如果缺乏維他命 E，容易使皮膚產生皺紋，失去光澤，也比較常有腸胃及內臟方面的疾病產生。因為維他命 E 是脂溶性的，攝取過多時，無法隨著水分排出體外，將會囤積在體內，造成不良影響。	天然植物油。
維他命 K	人體有出血時，血液會自動凝結，避免失血過多，這都是維他命 K 的功用。缺乏維他命 K，出血時就不易凝固，可能會造成大量出血，嚴重的話，就會因失血過多而造成生命危險。	肉類、肝臟、菠菜、花生油。

（資料來源：作者整理）

　　飲食與健康，應該從小向兒童及其家長進行飲食知識教育，運用教育方法，教導營養知識及技能，樹立正確的飲食觀念，進而培養學生飲食禮儀，訓練衛生習慣，使之能在日常生活當中實踐正確的健康生活，以促進身心健康。

叁、好食物有益健康

　　水是維持生命的必要物質，可以調節體溫、幫助消化吸收、運送養分、預防及改善便祕等。白開水是人體最健康、最經濟的水分來源，應養成喝白開水的習慣，每天應攝取約六至八杯的水。同時，每日定食定量，三餐均衡不要忽略任何一餐，因為被省略的那一餐往往會在下一餐中加倍的被補償回來，反而吃得更多。

表 5-4　優質食物有益健康增進

類別	內涵
葉菜類	白菜、綠色花椰菜、包心菜、菠菜、甘藍菜等具有良好的營養素。
根莖蔬菜類	洋蔥對心臟血管的保健有幫助。
魚類	鮭魚、鯖魚等適量有助於身體健康。
水果類	1.哈密瓜有豐富的維生素 C。 2.木瓜、奇異果、芒果、番石榴等都屬高纖維、高維生素且低熱量的水果。 3.紅葡萄是有益健康的水果。

（資料來源：作者整理）

健康飲食習慣宜朝向力求「遠」、「雜」、「簡」、「勻」等原則：

表 5-5　健康飲食的原則

原則	內涵
遠	食物屬性較遠（如畜肉為四隻腳，避免同一餐共食）。
雜	食用屬性不同的食物（如畜肉、魚蝦、葉菜、莖果）。
簡	多樣少量，需要的營養可分配在各餐。
勻	不偏某一種食物（或營養素），及對各種食物食用宜均衡服用。

（資料來源：作者整理）

肆、影響健康的飲食

　　營養（Nutrition）指食物中包含的熱量及其他有利健康的成分。人以及多數動物攝入食物以獲得足夠的營養素；攝取食物後，經過消化、吸收、代謝，利用食物中身體需要的物質（養分或養料）以維持生命活動。通過適當的攝入營養可以免去很多疾病。

表 5-6　影響健康的飲食

類別	種類	內涵		
食品種類	酸性食品	酸性食品不宜攝取過量。酸性食品主要來源為葷食與糖類，酸性在體內儲存過多會產生負擔。	葷食	畜（牛、羊、豬）、禽（雞、鴨、鵝）、魚、奶和蛋類。
			糖類	糖果、加糖飲料。
	化學物品	飲食中殘留的化學藥品將對人體造成影響，如蔬菜或水果，農藥含量過度；如成長激素、抗生素、殺菌藥物。		
	食品添加	為了避免食物腐敗，使用防腐劑（或食物穩定劑），為滿足視覺使用人工色素、雙氧水、二氧化硫、漂白劑、蘇打、硼砂等，為滿足味覺使用味素、焦糖、人工甘味，為滿足口感使用蘇打、嫩精等材料。		
	過敏性食物	過敏食物包括：乳製品、蛋、麵粉、玉米、芝麻，其次以花材入菜（花粉也是過敏原、花卉噴灑農藥），現在只要抽血檢驗，就可以了解自己是否對食物過敏。	冰冷	冰冷的食品容易刺激咽喉、氣管和腸胃道，引起血管和肌肉的緊張而收縮，因而引起一些過敏反應。
			油膩	吃油炸食物或魚肉，這些油膩及高油脂的食品容易妨礙腸胃消化能力，一旦腸胃功能失常，也是容易致發過敏。
			辛辣	辛辣刺激的調味品，會散發有刺激性的氣味，容易刺激呼吸道和食道，也是容易致發過敏的發作。
			蝦蟹	含有較高的異體蛋白質，很容易激發體內的過敏反應。
飲食習慣	狼吞虎嚥	吃東西要細嚼慢嚥，未經牙齒細嚼與唾液的攪和，進入胃腸後，造成胃腸極大的負擔。		
	過重口味	食物添加過鹹、過甜、過酸、辛辣、酒精、炸烤、醃燻、藥材、人工調味料等，除了破壞食物的原有營養，或有因無法全部分解或排泄，造成體內嚴重負擔，而逐漸釀成各種疾病的病原。		
	長期偏食	以豆腐為例，含異黃酮（Isoflavone），許多人把它視為保健食品；含高嘌呤，對痛風病人和血尿酸濃度增高患者應慎食。		
	三餐不定	人有一定的生理週期，如同時鐘般，三餐時間不定，最重要的早餐不吃，應該避免的夜間宵夜卻大量飲食，甚至酗酒，使內臟毫無休息時間；長期會造成人體內臟器官功能的降低，疾病容易入侵。		
	急速加熱	目前市售食品包裝容器中，諸多有礙健康，如便當以塑膠（或保麗龍）裝置送進微波爐加熱，可能釋放出化學元素；如紙杯外表加蠟，熱水沖泡後蠟溶解於水，進肚子裡。其次很多已完成烹調食品，經冷凍後，再急速加熱，可能破壞原有的營養價值，或產生化學變化。		

（資料來源：作者整理）

結語

　　人類須賴飲食以維持生存，良好飲食可以促進健康。英文有句話：「You are what you eat.」意思是：「你吃什麼就是什麼。」吃健康的食物，你就是健康的人。在飲食上節制，健康就可以維繫，強調適合自己身體所需（食物的屬性與自己的體質配合），避免過量與食物間的相剋；並且在心境平穩之際進食。經由教育指導過程中實施生活教育、營養教育、衛生教育、安全教育及環保教育，輔導學生建立正確的飲食知識，進而建立健康飲食的習慣與行為，同時將此觀念推廣到家庭與社區，營造健康的飲食文化。

第六章　食品添加物

前言

「健康的身體是靈魂寬廣的居所，生病的身體卻是靈魂的監獄。」營養與健康的人生有關，營養均衡是指各種營養素都要攝取充足而不過量，使身體能夠充分獲得各種營養素，均衡攝食各類食物，不偏食。依照食物的營養特性，每日攝取適量食物。

糖果、餅乾、蜜餞等食品有紅、橙、黃、綠那麼多種顏色，飲料的口味有香橙、檸檬、柳丁、百香果那麼多樣，食品可以保存那麼久，這些效果多是經由食品添加物所產生。然而，隨著「塑化劑」於食物添加劑的風波，學者研究發現：臺灣人的體內塑化劑暴露劑量遠超過其他國家，引起國人相關的重視。「食品添加物」是現代生活無法避免使用，這些添加物是否會對人體造成影響甚至危害？是飲食安全中重要的課題。

壹、食品添加物的使用

食品添加物指食品之製造、加工、調配、包裝、運送、貯存等過程中用以著色、調味、防腐、漂白、乳化、增加香味、安定品質、促進發酵、增加稠度、增加營養、防止氧化或其他用途而添加或接觸於食品之物質。例如：製作巧克力時，添加乳化劑可以縮短乳化的時間，並改善品質。為保障民眾食用食品添加物的安全，食品業者製造、販賣或食品添加物的作業場所、設施及品保制度，應符合食品良好衛生規範。食品添加劑的使用原則基本要求：

第一、不應對人體產生任何健康危害；

第二、不應掩蓋食品腐敗變質；

第三、不應掩蓋食品本身或加工過程中的品質缺陷；

第四、不應摻雜、摻假、偽造為目的；

而使用食品添加劑。

表 6-1　食品添加物的運用

目的	做法	實例
保持營養價值	食品在製造或是加工的過程中，往往會破壞某些營養素，因此添加這類營養素可以保持營養價值。	精緻米食中添加維生素 B。
增加營養成分	一些特定用途或適用對象的食品，添加營養補充劑，可以增加其營養價值。	在嬰兒配方奶粉中，添加鐵質、葡萄糖等營養成分。
改良食品風味	可以改善食品的風味與外觀，有助於開發新產品。添加色素、香料、調味料等，以增加食物的美觀。	冰棒中添加香精。
減少食品損失	為了減少食品的損失，保持食物的新鮮度，使用食品添加物可以降低食物在採收、處理、加工，與運銷所增加的成本。	添加酸味劑，降低 pH 值，可以縮短殺菌的時間。
縮短製造加工	製作蛋糕時，加入膨脹劑可以縮短攪拌、發酵的時間。	製作巧克力時，添加乳化劑，可以縮短乳化的時間。
保持食品安全	肉品添加硝酸鹽、亞硝酸鹽可以保持肉色鮮紅，也可防止肉毒桿菌滋生。	香腸、火腿加硝酸鹽。
減少食品熱量	對於肥胖、糖尿病或限制熱量的患者，加入某些人工甘味劑可減少食品的熱量。	健怡可樂中加入代糖。

（資料來源：作者整理）

世界衛生組織（WHO）的食品法規委員會（Codex Alimentarius Commission）訂定國際食品規格與標準。食品添加物多數是非傳統食品中原有的成分，而是外加的成分，因此其攝取後對健康的影響應予注意。保證食品添加物的使用安全有兩個基本要件：第一、使用的食品添加物須合乎規格標準；第二、使用方法必須正確。

貳、食品添加物的分類

　　食品添加物的目的主要為：延長保存期限、視覺調整、味覺調整、改善食品品質、提高營養價值及方便製造等。《食品衛生管理法》對「食品添加物」的定義是「指食品之製造、加工、調配、包裝、運送、貯藏等過程中用以著色、調味、防腐、漂白、乳化、增加香味、安定品質、促進發酵、增加稠度、增加營養、防止氧化或其他用途而添加或接觸於食品之物質。」

　　食品添加物最初起源係來自天然的食品成分，自古以來，人類為了保存食物、避免腐敗，會使用鹽來進行醃製；此外，為增添食物的風味，也會以糖、鹽或其他天然的辛香料（如：八角、辣椒、花椒）等進行調味。隨著食品科技的進步，初期以化學合成方法製成一些與食物中的色、香、味以及營養等成分相同的物質，於食品製造或加工時添加使用。甚至是純粹利用化工技術，為了特定需要而研發出各類化學合成添加物，添加維生素 E 等天然抗氧化劑於油品中，可以增加其保存性。對於食品的製造、加工、調配以及貯存等有用，且其安全性已被確認者也漸許可添加於食品中，以化學工業技術製作而成。成本較低廉，且可大量生產，少量即可達到很高的效益。

　　現行納入食品添加物管理的產品，依其本質可分為天然物與化學合成品兩大類：

表 6-2　食品添加物管理的產品

種類	特性	實例
化學合成	在其製造過程中本身經過化學變化或化學反應製成，供作食品製造加工等過程中添加之用者。例如：糖精。	如製作蛋黃沙拉醬時，利用蛋黃中的卵磷脂成分，可作為油與水之間的乳化劑，讓製做出的沙拉醬得以成為均一的醬料。
天然成分	由通常較少直接作為食品之天然物原料所取得，供作食品製造加工過程中添加用者。	以汽水為例，其中所添加二氧化碳，就是讓汽水產生氣泡的添加物。

（資料來源：作者整理）

　　依據政府公告的「食品添加物使用範圍及用量標準」，食品添加物依其用途區分為十七類：

表 6-3　食品添加物依其用途區分

種類	用途	品目
防腐劑	常被添加在即食類食品，例如便當、麵包、麵條。常用者有安息香酸、己二烯酸（用於果醬、醬菜、豆製品）、去水醋酸及丙酸（麵包糕餅所常用）。進口柳橙、葡萄、蘋果等之外噴抗黴、殺蟲劑更是裝箱步驟之一。最常被廣為「不當使用」之防腐劑有：硼砂（傳統市場中粽子、蝦類）、甲醛（同時具防腐、漂白作用）。	亞硝酸鈉、亞硝酸、己二烯酸鉀、己二烯酸、丙酸鈉、對羥基苯甲酸酯、己二烯酸、苯甲酸等。
殺菌劑	Bactericide 殺滅食品上所附著微生物之物質。	過氧化氫、次氯酸鈉。
抗氧化劑	油溶性者常添加於食用油、奶油、冷凍或乾製魚貝等常用之 BHA、BHT，水溶性抗氧化劑常用於汁中，如維生素 C。	BHA、BHT、Vit E、Vit C 等。
漂白劑	常用亞硫酸鹽來處理易褐變之乾物，如蓮子、白木耳、香菇、金針菜乾、水果乾。	亞硫酸鉀等。
保色劑	保色劑以硝酸鹽及亞硝酸鹽為代表，使肉製品呈現鮮紅色澤，過量攝取易在體內形成亞硝胺（致癌物）。	亞硝酸鈉、亞硝酸鉀、硝酸鈉等。
膨脹劑	膨鬆劑（膨脹劑）為使糕餅等產生膨鬆作用而使用之物質。	小蘇打、酵母粉等。
品質改良劑	品質改良、釀造及食品製造用劑，為改良加工食品品質、釀造或食品製造加工必需時使用的物質。	三偏磷酸鈉、硫酸鈣、食用石膏等。
營養劑	營養添加物之使用強化食品營養，如 DHA 奶粉、β-胡蘿蔔素等。	維生素、礦物質。
著色劑	對食品產生著色作用之物質。	食用紅色六號等。
香料	增強食品香味之物質。	香莢蘭醛等。
調味劑	甜味劑，例如：葡萄糖、寡糖、果糖、麥芽糖。	糖精。
	賦予食品酸味甘味甜味之物質，轉化甜味劑。例如：山梨糖醇、麥芽糖醇、木糖醇等。	檸檬酸。
	苦味劑常用於可樂和瓜拿納飲料，例如：咖啡鹼、柚苷、胺基酸系統。	麩胺酸鈉（味精）。
黏稠劑	賦予食品滑溜感與黏性之物質。	澄粉、菜膠。
結著劑	食品工業用化學藥品，增強肉類、魚肉類黏性之物質。	磷酸鹽類等。
食品化學藥品	蛋白質分解劑提供食品加工上所需之酸及鹼。	鹽酸、氫氧化鈉等。

種類	用途	品目
溶劑	食用油脂、香辛料精油之萃取月溶劑。	己烷、丙二醇等。
乳化劑	讓水與油等無法相互均一混合之原料乳化之物質。	丙二醇、甘油等。
其他	化製澱粉。	漂白澱粉。
	水分控制劑。	乳酸、甘油。
	消泡劑。	矽樹脂。

（資料來源：作者整理）

叁、食品添加物的管理

　　食品所使用的食品添加物，依食品之製造、加工所摻用之食品添加物及其品名、規格及使用範圍、限量，皆應符合「食品添加物使用範圍及限量暨規格標準」，如咖啡因，適量的攝取，可以提升我們的工作情緒讓我們精神更亢奮，一旦攝取過量，則易引發失眠現象，嚴重者可能會有胃潰瘍的症狀，所以，必須注意此類食品添加物的攝取量。為保障民眾權益，經衛生福利部公告指定之食品添加物應申請查驗登記，取得許可證，並要求食品必須將所使用之食品添加物標示出來，否則不得製造、加工、調配、改裝或輸入、輸出。以容器包裝之食品及食品添加物應顯著標示，既然無法完全避免食品添加物，就必須學習如何運用。

表 6-4　食品添加物的運用

規範	實例
品名	仔細閱讀食品標示，並確實了解目前所購買的食品是加了什麼食品添加物。
內容之成分、重量、容量	避免添加不必要的食品添加物。
食品添加物及其含量	不盲目要求不必要的品質。
製造廠名、地址	在發現食品品質有問題時應該勇於檢舉。
製造日期或保存期限	避免選購色彩鮮豔或是染有奇異色澤的食品。
其他依法令應標示事項	注意食品標示並選擇信譽良好、標示清楚的產品。

（資料來源：作者整理）

「民以食為天」飲食為人類日常生活所需，飲食安全更為民眾所關切。是以，我國於六十四年即公布《食品安全衛生管理法》，以確保食品衛生安全及品質，維護國民健康。食品業者之從業人員、作業場所、設施衛生管理及其品保制度，均應符合食品的良好衛生規範準則。食品添加物業者確實做好自主管理，應是食品添加物安全使用源頭管理最有效的一環，以符合食品良好衛生規範。

根據食品添加物的安全性，可將其區分為五大類，如下：

表 6-5　食品添加物的安全區分

性質	內涵
安全性高	在適量攝取下，對身體有益無害。如添加維生素 C、β-胡蘿蔔素等營養添加劑於食品或飲料中，可以強化營養素的攝取。
減量攝取	食品中的食鹽與砂糖等，都是屬於食品中的調味劑，適量的添加，可以讓食物更美味，但攝取過多的鹽，會增加腎臟代謝的負擔；過多的糖，容易導致肥胖。
提高警覺	有些混合添加物如食用油中，常添加人工合成的抗氧化劑，如 BHA（丁基羥基甲氧苯）及 BHT（二丁基羥基甲苯），在某些實驗中發現具有致突變性，進而引發不良生理作用，因此，應儘量減少攝取。
不宜過量	在烹調過程中，喜歡添加味精（麩胺酸鈉）來提味，但攝食過多味精，會引發噁心、頭痛、胸口鬱悶等不良反應。
避免攝取	這類的食品添加物安全性較低，例如「溴酸鉀」，添加於麵包、糕餅，作為膨鬆劑，然而世界衛生組織認為它是一種致癌物，建議不宜添加於麵粉中。

（資料來源：作者整理）

肆、有害的食品添加物

食品製造業者為了使食品看起來新鮮可口，或為了節省成本，以至於添加了有害的添加物，進而危害了消費者健康。如：使用在魚丸與蝦仁中的硼砂，以增加脆度，加上價格低廉，所以使用量可觀，但硼砂經人體食入後，會轉變為毒性高的硼酸，積存於人體，無法排出，目前已禁止使用於食品中。隨著對健康的期待，目前政府訂定有「食品添加物使用範圍及限量暨規格標準」。

表 6-6　有害的食品添加物

添加物	內涵	常見食品
吊白塊 （Rongalit）	食品使用係因其兼具有漂白及防腐效果，但會產生頭痛、眩暈、呼吸困難以及嘔吐等症狀。	米粉。
硼砂 （Borax）	多作為增加食品韌性、脆度以及改善食品保水性、保存性，防止蝦類的黑變的添加物。毒性較高，會在體內蓄積，妨害消化酵素之作用，引起食慾減退、消化不良、體重減輕、循環系統障害、休克、昏迷等。	年糕、油麵、燒餅、油條、魚丸等。
鹽基性介黃 （Auramine）	在紫外線下會呈現鮮黃色之螢光，對光熱安定。毒性甚強，攝取多量會有頭疼、心悸亢奮、脈搏減少、意識不明等症狀。	糖果、黃蘿蔔、酸菜、麵條等。
鹽基桃紅精 （Rhodamine B）	為桃紅色鹽基性色素，常被不正當使用，慢性毒性亦甚強，食用會使人體產生極大危險。	糖果、蛋糕、肉鬆等食品。

（資料來源：作者整理）

由於食品添加物可以使食品更可口、更吸引人、更易保存，因此，常為人們使用。在一般正常的條件下，食物添加物並不直接被當做食物食用。就以糖與鹽為例，是屬於食品添加物，人們不會把它們當成米飯來攝取。食品添加物是為了某種使用目的，在食品製造加工調配等過程中所添加者，對人體的健康來說，倘若可以不要讓食品中包括太多食品添加物，我們可以在自己做菜中避免放許多味素，或是自製較天然、不含任何添加物的食品，鼓勵從改善自己的營養做起，進而選更營養的食物，避免垃圾食物，吃新鮮的蔬果，避免摻有色素與合成香料的糖果，自製美味的飲食，看清食品包裝上的標示，掌握烹飪的原則，自己調理經濟、衛生、可口的食物，都是指日可待的成果。

結語

　　自然的食品是最好的，並不見得所有的食品添加物都不宜使用，以味精而言，對於食慾不振的老人家，由於味精的添加，會賦予食物呈現類似油脂的濃郁口感，讓漸漸喪失嗅覺與味覺的老人家，得以再享受美味的食物。食品添加物是額外添加到食品中的成分，目的是為了提升食品的各種品質特性，當然除了功能外，尚應注意安全、是否容易被檢驗等要素。食品添加物在一定的安全範圍及用量的限制下，並不會帶給消費者麻煩或傷害。因此如何避免吃到過多的食品添加物呢？沒有任何一種食物是絕對安全的，即使日常食用的鹽、糖、油等，攝取過量也有害健康。食品添加物是迎合消費者需求所開發的產品，應選擇標示實在的產品，結合對食物的了解，讓適宜的食品添加物在味覺提升及增加食物的色香味上發揮功能。

第七章　幼兒保育

前言

　　人天生只是一個人類有機體，並非一個社會人。生下後得到社會的教養，與別人接觸，習得所屬團體的價值，所贊成的態度、觀念、及行為模式，遵守社會的規範，並有了地位與職務，才成為一個有人性有人格的社會人，也就是融入社會的成員。

壹、教保工作的意義

　　我國教育家蔡元培先生數度赴德國和法國留學、考察，研究哲學、文學、美學、心理學和文化史，為他致力於改革封建教育奠定思想理論基礎。曾任教育總長、北京大學校長、中央研究院院長等職。逐步以學前兒童公共教育替代當時的家庭教育，最終實現學前兒童公育的理想。所謂教保，就是「教育」和「保育」的概稱。通常教保一詞，運用於嬰幼兒階段，涵蓋嬰兒期、學步兒、幼兒期及兒童期（以下統稱幼兒）。

　　所謂教育，即教導幼兒生活技能及適應生活之一切認知及態度。保育，即保護並促進幼兒之身體及心理健康福祉的一切行為。教保工作的內涵具有連續性，幼兒早期的身心健康，關係其日後的發展。故早年幼兒的教保經驗是非常重要的。身為幼兒的照顧人員，包含父母或監護人、親友、家長、保母人員、保育人員、幼稚園教師等主要照顧者，甚至於所有幼兒接觸的人員及環境（家庭環境、社區環境或是社會環境），都承擔起提供良好教保工作的責任，方使幼兒在安全健康的環境中成長。

　　眾人皆知「兒童是國家未來的主人翁」，人們對於嬰幼兒教育的重視與推展已有一段的歷史。近年來由於社會環境急促的變遷與教育理念的改革，國內對於嬰幼兒的教育不但漸漸受到關心，而且對兒童的關注也來自多方面。從衛生單位基於人口品質維護所進行的新生兒篩檢、嬰幼兒健康檢查、健兒門診諮詢、新生兒預防注射、兒童的預防注射，乃至於教育單位提供的幼兒教育、社政單位提供的托育、保育服務及身心障礙福利服務機構的學前特殊幼兒服務，均是針對兒童所提供的各項協助。

　　幼兒保育工作的良窳影響幼兒人格與個性之發展，人格是：個人對己、對人、對事物等各方面適應時，於其行為上所顯示的「獨特性」、「複雜性」、「持續性」、「統整性」。行為科學上，通常將生物的單位或人類的有機體，以「個體」（individual）稱呼。而對於在人類團體中生活而具有人格的社會分子，以「個人」（personal）稱呼。人之所以為人，乃因其具有人格，人格的形塑雖具有生物因素或人類遺傳的根據，然而其所表現的方式和性質，則與團體生活有密切關係。諸如「因飢而食」是個體的生物本能，但是食物的選擇、烹調的方式、用餐的規範、食物的獲取……等，隨著不同族群便有所差別，因為這當中便包容了保育的過程。

貳、人格發展之理論

　　人從孩提時期開始，就具有一種扮演他人的角色並從他人的角度來觀察自身行為的能力，這種能力處於不斷發展的過程中，而人的意識和自我就產生於這一過程。從這種觀點出發，只有當一個人對符號的理解同他人的理解相一致時，人類的交流才成為可能。正因為如此，幼小的孩子還不具有這種使用有意義的符號的能力。小孩在玩耍時的行為往往在很多地方與在一起戲鬧的小狗頗為相似；隨著年齡增長，他們通過玩耍逐漸學會扮演他人的角色。一個兒童在玩耍時可能扮作一個母親、一個教師或一個警察，總之扮演了各種不同角色。處在成長過程中的兒童，由於經常在玩耍中假扮各種角色，從而逐漸使自己具有一種把自身置於那些對他有意義的人的地位的能

力。隨著年齡的不斷增長，他不僅能在玩耍中扮演這些角色，而且也能借助設想在想像中裝扮他們。這一轉變是兒童在社會發展過程中的重要標誌。

一、心理分析論：佛洛伊德（Sigmund Freud）

佛洛伊德著重性心理方面的發展，他認為在成長過程中，某些器官會出現性感官的能量，稱之為原欲（Libido）。原欲處於無意識領域的本我之中，把行動導向追求快樂，避免不快的方向。隨著個體的成長，原欲出現在身體的不同部位，刺激該部位時，皆會引發愉悅的感受。佛洛伊德認為孩童早期的經驗及親子間的互動對其以後的人格發展有極大的影響。他提出的性心理發展階段如下：

表 7-1　性心理發展階段

年齡	階段	特徵
出生至一歲半	口欲期	嬰兒由吸吮以及後期由咬的動作中獲得快感。
一歲半至三歲	肛門期	主要的樂趣來自刺激肛門的經驗中獲得快感。
四至六歲	性蕾期	原欲的焦點移轉到性器官，孩童出現性別認同，且男孩有戀母情結，女孩有戀父情結的傾向。
六至十二歲	潛伏期	壓抑並否認對異性的興趣。
青春期	生殖期	開始對異性有興趣，並已具備生殖能力，為步入成人性關係的開端。

（資料來源：作者整理）

至於對人格結構，佛洛伊德認為：外在表現未必是內心所想，人格由個人的「心理動力」（Psychodynamic）所產生；人格分為：本我、自我及超我等三個主要部分。

表 7-2　人格的「心理動力」內涵

分類	特性	原則	特徵
本我 （id）	生物的我	快樂	本我人格的基礎是享樂，具有原始衝動，包括各種生理需求，遵循享樂原則，追求立即、完全的滿足。
自我 （ego）	真實的我	現實	自我人格的核心是現實，在現實環境中尋求個體需求的滿足，是調和本我與超我直到合適的情況。
超我 （superego）	道德的我	完美	超我人格是高層道德，經由社會化過程提供合於社會要求的規範，並管制和壓抑本我的衝動，遵循道德原則以明辨是非。

（資料來源：作者整理）

二、心理社會發展論：艾瑞克遜（E. H. Erikson）

　　人格的發展並非早期固定成型，而是在各階段都有補救的機會。人格並非受到性趨力所影響，而是受到社會與教育的影響。人格的發展並非止於青春期，而是終其一生的歷程。艾瑞克遜所關心的焦點，集中於伴隨工業化和現代化的過程，隨之而來的共同社會趨於解體、教育時間普遍延長及職業生活專業化和技術化的過程中，所產生的青年的認同危機。佛洛伊德潛心研究幼兒期的性愛發展階段，提出了口腔期、肛門期、性蕾期的階段劃分。佛洛伊德認為，這些都發生在幼兒期，直到六至八歲左右性愛的發展階段才停止。艾瑞克遜繼承佛洛伊德的觀點，因此也是先從關心幼兒期開始，但他的興趣逐漸越過幼兒期而轉向青年期。艾瑞克遜提出了有名的「生命週期」表，把人的一生劃分為八個階段，並把每個階段人所遭遇的「危機」的性質模式化，作為第五階段的青年期，危機的特徵是認同與角色的混亂。自我認同是一種整合自我的機制，但是在青年期，人必須脫離原有社會，加入職業世界，職業世界是包含許多分化出來的角色的利益社會，如果不能良好地適應時，就會出現認同危機。艾瑞克遜認為，現代工業社會所特有的各種青年期精神病理都可由此得到解釋。

　　同時艾瑞克遜也主張社會化的過程並不僅限於佛洛伊德的幼兒期階段，人生的每個階段皆有其心理危機，也有個體所認為的重要關係他人，這些重要關係他人影響著個體的社會化，其內容可簡述如下表：

表 7-3　艾瑞克遜的人生發展階段

年齡	心理危機階段	重要關係他人	順利發展後的構念
零至一歲半	信任或不信任	母親或母親的代理人	展望未來的動機和希望
一歲半至三歲	活潑主動或羞愧懷疑	父母	自我控制力與意志力
三至六歲	進取或愧疚罪惡	家庭成員	方向與目標
六至十二歲	勤勉或自卑	鄰居或同學	勝任與能幹
十二至十八歲	自我認同或角色混亂	同儕與崇拜對象	忠誠
十八至二十四歲	親密或孤立	同性與異性朋友	友誼、關懷、愛
二十四至五十四歲	活力或頹廢	家人與同事	關懷社會
五十四歲至死亡	統合或絕望	同胞與人類	智慧

（資料來源：作者整理）

三、認知發展說：皮亞傑（J. Piaget）

皮亞傑為當代最著名的兒童心理學家，他所創認知發展說（Cognitive Development）認為認知發展是一種社會和心理現象，對於人格發展和社會化理論開拓新的領域。皮亞傑所分四個認知發展階段包括（Furth, 1969）：

表 7-4　皮亞傑的認知發展階段

發展階段	年齡	內容
感覺動作階段	嬰兒時期最初的二年	這個時期嬰兒逐漸了解自我的身體和環境，皮亞傑稱為嬰兒有動作智慧（motor intelligence），起初嬰兒聽音不知其源，這時他能將二者連接在一起。這個時期的認知發展主要是目標的發覺，例如：嬰兒認知母親、玩具和其他物體對象。他也開始能區別自己的身體和環境。這種認知發展（目標的持久性）同時亦配合著嬰兒情緒的發展（即信任）。
直覺階段	二歲至七歲幼兒時期	這個時期最重要的是學習語言。語言使幼兒與其他人交往、思想、陳述外在環境、過去和未來。幼兒亦藉語言去表現其心理經驗，評斷自己。總之，由語言的使用，幼兒可以描述目標和經驗的心理景象，擴大其生活領域。二歲至七歲兒童的思考或理智尚不及成人，一般說來，每次只能思考一種觀點或一個層次。例如：有人問四歲兒童有兄弟嗎？他回答有，是張三。若再問他：張三有無兄弟？他可能回答：沒有。可見兒童不能同時考慮多種觀點。兒童亦可能以語言作為侵犯他人之工具，以語言為自我評鑑的基本媒介，因此這個階段也可能形成懷疑和犯罪之感。

發展階段	年齡	內容
具體操作階段	即小學年齡時期	兒童思想漸趨成熟，他們開始運用工具，了解因果法則，區別事物及思考各種邏輯關係，這些心智發展是他們歷經各種經驗的直接結果。在此時期，兒童的一切想法皆以具體為主，即他們只對真實物體和情境，加以反應。這種具體性也使兒童評鑑物質大小和各種客觀的成就。兒童也會與其同伴相互比較其身體與反應，產生自傲、自卑的感情。
形式操作階段	即青少年時期	青少年時期開始發展抽象概念、理論和普遍原則，並且自己創造各種假說。青少年抽象思考的發展是一種情緒的結果。他們依情緒的好壞對人物產生直接反應，例如：對他好的人就是好人，反之，則是壞人，他也可能同時對同一人有愛憎之感。

（資料來源：作者整理）

　　皮亞傑強調兒童在不同階段有不同的思維方式，這些認知發展既是純粹成長的結果，亦是反映文化和社會化的影響。皮亞傑曾說：「各種不同階段是兒童與其環境互動經驗的產物，經驗導致兒童自我認知組織的重建。」（Piaget, 1969）可見認知發展是個人與其環境交互影響的結果。

四、兒童道德發展理論：柯伯格（L. Kohlberg）

　　柯伯格對於社會化理論的建構是經調查各國兒童發展情況而建立此學說，其認為人對道德問題之思考，不只是文化思想之結果，亦是情緒之成長、認知之發展而來。柯伯格將兒童道德發展分為三階段：

表 7-5　柯伯格的兒童道德發展理論

階段	內容	特徵
前約制階段	指兒童尚未發展到是非、善惡觀念。	兒童服從權威，畏懼懲罰。兒童因讚許而行動。
約制階段	關心到他人之想法，他人的行為成為自己行為之導向。	兒童因期望博得父母之歡欣稱讚，逐漸形成以他人為導向的是非、對錯觀念。兒童逐漸考慮到規則問題，即善惡之區分。
後約制階段	即走出家庭踏入社會受他人影響，在觀念、態度上有其想法與做法。	認識道德衝突問題，以不同觀點來評鑑所獲得的原理、原則。開始有強烈的好惡感，成為一種自我導向（self-directed）而有正義、互助、平等、自尊等之感覺與原則。

（資料來源：作者整理）

　　兒童對於道德問題的思考是逐漸在接觸環境中與成人、團體互動而形成的。易言之，道德發展受到社會化的影響。

叁、家庭對兒童影響

　　家庭社會化的目的是設法使生物的個體，能順利納入社會而營群體生活。是以社會化不僅對個人的生存和發展是必不可少的，而且對社會的生存和運作也有其貢獻。社會化的目的，茲綜合社會學者的看法，大致上可分為下列數端：

表 7-6　家庭影響兒童人格發展

項目	重要性
灌輸社會規範	社會化是傳遞社會文化的過程，而社會紀律和規範是文化的重要特質。個人要成功地扮演社會的角色，就必須接受扮演這些角色的紀律規範和行為模式等。
訓練社會角色	社會化就是訓練每一個人，依其能力和各種因素，來扮演社會的角色，並學習每一個角色所附屬的職務、行為模式等。小孩接受父母教導學習生活習慣能力，學習社會技能，充分發揮個人潛能，使其將來成功扮演社會角色，透過社會化，猶如軍隊中完成個人基本訓練。
教導個人技能	個人為了有效參與社會團體，與他人互動，個人必須透過社會化學習角色的行為模式和互動的方式與技能。
引發個人抱負	社會化鼓勵個人在社會文化所允許的範圍之內，根據個人所具有潛能，引發其抱負，實現個人理想之目標。
培育社會品格	由動物人變為社會人時，受社會影響自會塑成其人格而成社會品格。

（資料來源：作者整理）

　　家庭是個人社會化第一個單位，也是最重要的單位。因為當人類降臨人間，家庭便負起哺育、養育、教育的責任，是以家庭左右個人最早期的人格發展，家庭也塑造個人的態度、信仰和價值，透過父母兄弟姊妹的相互互動，個人得以漸次成長、參與社會，也只有在家庭，兒童才能滿足一切需要，同

時也經由家庭認知並學習社會角色。是以家庭提供了一個人人格形成、人格社會化及人格發展的中心。家庭對於社會化的功能，根據佛洛伊德的分析認為：發展兒童的「超我」（superego）是家庭的工作，它慢慢地灌輸給兒童有關道德價值及社會規範，於是兒童獲得了控制其行為的有效指導原則。佛洛伊德的人格理論特別強調家庭是決定兒童性別角色的主要社會化機構。家庭分子的角色是按性別劃分的，如父親與母親，兄弟與姊妹。男孩在出生時，就對母親產生強烈的認同；後來，他們面臨要斷絕這種異性認同的問題，如果女孩傾向傳統的婦女角色，男孩傾向於父親的角色，則其對於性別認同的困難自然較少，因為他們早期的角色認同、行為取向，在成年後的生活仍可繼續。儘管諸多社會科學家皆承認，家庭對於個人人格發展的影響力。

結語

　　人類為生存而彼此競爭，處處受到文化的限制，動植物則無此限制，放任自由。有立基於競爭的共生社會（symbiotic society），有立基於協同（consensus）的文化社會。人類社會有兩層，共生層與文化層，而動植物社會僅有共生一層。換言之，人類社會在共生潛結構（symbiotic substructure）之上建立文化超結構（cultural superstructure）。而文化層又細分為經濟層、政治層和道德層。結果人類社會組織成為金字塔形，以區位層為底，道德層為頂，政治層居經濟層之上。個人由底而頂，每上升一層，感受之控制愈加強，反之自由範圍愈縮小。因此任何人類社會組織都是控制組織，其功用是限制組成分子間之競爭，而產生更有效之合作，以利於全體之生存。

第八章　生活素養

前言

　　隨著社會民主自由開放風氣，社會展現多元蓬勃的氣象；然而，在這現代與傳統、物質與精神、科技與人文等議題的環境中，道德價值混淆與偏差行為日益增加，問題是層出不窮。因此，如何藉由生活教育的推動，確立核心價值，提升道德文化素養，儼然已成為現代社會的重要課題。爰此將生活禮儀納入食、衣、住、行、育、樂生活行為中，增進生活態度，顯得迫切而重要。生活禮儀伴隨著人們的成長，自啟蒙培養良好的生活態度和生活習慣，塑造每位公民都能成為懂規矩、有禮貌的國民以為祥和社會。

壹、禮教社會的重要

　　儒家思想是把「仁」作為禮教的根本精神，所以《論語》中強調：「人而不仁，如禮何？人而不仁，如樂何？」禮教即禮儀教化，「上古聖王所以治民者，後世聖賢之所以教民者，一禮字而已。」（清·凌廷堪）禮教是指中國傳統文化中的禮樂文化，禮教思想影響中華民族兩千餘年。魏晉時「禮教」泛指整個社會人倫秩序，禮教在經過一定的適應現代社會的變革之後，在當今世界仍然具有重要的作用，仍有堅強的生命力，發揮著不可替代的作用，形成社會的核心價值。孔子語「敦禮教，遠罪疾，則民壽矣！」禮教確定每個人的社會角色，讓不同的人在社會中扮演不同的社會角色，發揮相應的作用，整個社會才能正常地運轉。「夫禮，先王以承天之道，以治人之情。」（《禮記》）禮矯治人的性情，使之達致中和。禮教是儒家的中心思想，孔子

說「克己復禮為仁」就是說人必須克制自己內心不善良的欲望，遵守禮教，這就是仁的基本道理。禮教在現代社會有多重價值，包括：使社會生活保持合理性、秩序性、穩定性，培養人的內在品質，滿足人的精神生活需要，禁止、克制人的不良行為等等。聖人制禮，用意就在維護五倫組織，保持人格尊嚴，進而為修道的基礎。「仁愛」的倫理精神，乃是禮教存在的根基，若缺乏此根基，人無仁愛誠敬之心，就難於真正踐履禮。

　　「禮」是道德、文化的法則，要恢復和發展適宜於現代生活的禮儀規範，就必須弘揚禮教思想。孔子曾說：「不學禮，無以立。」顏淵問仁，孔子教以「克己復禮為仁」，如何「克己復禮」，孔子說：「非禮勿視，非禮勿聽，非禮勿言，非禮勿動。」在《論語》、《禮記》，以及其他的經典裡，說到禮的經文非常多，成為中華文明社會的章法。隨著時勢變遷，禮教應當是隨著時代的變化而不斷革新的，如同「殷因於夏禮，所損益可知也；周因於殷禮，所損益可知也。其後繼周者，雖百世可知也。」（《論語》）方能避免「恭而無禮則勞，慎而無禮則葸，勇而無禮則亂，直而無禮則絞。」（《論語》）禮教社會是要求人們在同一生存境遇中，遵循同一的規範，採取相同的行為。隨著人類生活的境遇處於不斷變化之中，禮教需要依據境遇的變化而調整，當禮教能夠因應變化了的社會境遇時，便成為社會永續的穩定性根源。「習俗」其中有些已不合時宜，確實應予簡化，否則，就需要對禮教進行調整，使之符合於已變化了的生活境遇。因為禮儀的目的，原是為了表示誠意與敬意的，若過於拘泥於繁文縟節的形式而成鋪張浪費，反倒失去禮儀原有的美意。

　　禮儀文明作為中國傳統文化的一個重要組成部分，對中國社會歷史發展起了廣泛深遠的影響，其內容十分豐富。禮儀所涉及的範圍十分廣泛，幾乎滲透於古代社會的各個方面。我國在落實禮教社會是以儒家思想為核心，其內涵有：

表 8-1 禮教社會的核心內涵

類目	內涵
重視教育	實施「有教無類」及「因材施教」等教育原則,在教學上注意個性差異,善於啟發教學。
注重品德	禮教,仁義,要求自覺,遵從真和善,是典型的人文主義,以人為本。
思想辨證	重視自然,重視經驗,認為自然秩序是人類理性的根源。
以禮治理	強調:君臣有義,父子有親,夫婦有別,長幼有序,朋友有信的社會規範。

(資料來源:作者整理)

　　從中華民族日常生活中對聖賢、神祇、和祖先等的祭祀,形成有力的精神信仰。這種信仰的精神支柱和意義在於崇德報功,在於表達對先聖先賢的景仰和引為學習循行,而能正人心、厚人倫,享治安於無窮;人們經由祭祀表達對祖先盡孝,與對家族倫理關係的重申。聖賢強調的價值觀,譬如忠誠、諒解、誠實、慈愛、公正、和諧、節約,成為了我國人的思想體系基礎,其博大精深,實根據於天理人情,其足以為世界人士所服膺者,禮教是一種思想方式,教人如何待人,包括對待家人、鄰里、朋友、國家、以及整個社會。英國著名歷史學家湯恩比(Arnold Toynbee)在肯定了儒家文化對世界及思想文化領域的貢獻同時說:「遠東社會包括:中國、朝鮮、日本等具有同一類型的文化,它們無一不受到儒家文化的影響,形成了影響世界文化的儒家文化圈。」

貳、教養作為的重要

　　謝東閔說:「大學教育除了增進學識能力與技能外,首重變化氣質,藉生活教育、禮儀、人文、境教、文化等來提高,如果大學教育沒有改變氣質的功能,則大學教育沒有成功,與補習教育何異?」

　　教養是一種內在的自我教育,對自己在社會裡的定位有清楚的掌握與認知,對周遭自然有高度敏感度,對別人的感受有所尊重,具社會參與的強烈意識,達到真善美與正義的生活環境。我國擁有五千年悠久歷史,流傳下

許許多多的傳統，以建置一個禮教社會。禮教既然對人具有指導作用，是以，《論語》：「不知禮，無以立也。」人人必須遵守，才能夠發揮禁止不良行為，倡導良好行為的作用，教養的價值是促使社會有優質的文化，自我國傳統社會，禮制就是法制，發展到今天，也就是規範及各種制度。

教養是發自個人選擇，為理念作自我期許的生活風格，要靠自己的省思與琢磨，須賴社會的導引與促進。

表 8-2　教養的重要性

特性	明訓	內涵
促進社會生活	「禮樂不興，則刑罰不中，刑罰不中，則民無所措手足。」（《論語》）	如果能給每一個人提供現成的一致的行為規範，那麼，就不會使人處於無序、混亂、迷茫、焦躁不安的狀態，保持合理性、秩序性、穩定性的價值。
提升人的品格	「君子所性，仁、義、禮、智根於心。」（《孟子》）	儒家禮教要求好的外在行為應與內在的品質與性情相統一。內在的良好品質與性情通過外在行為表現出來。
陶養和諧性情	「吾心之處事務存乎天理而無人偽之雜謂之善。」（王陽明）	禮的內在精神，不是存在於禮本身，而是存在於禮的踐行者的心靈生命中。如同《禮記‧樂記》所言「樂由中出，禮自外作。」
培養精神價值	「禮節者，仁之貌也。」（《禮記》）	禮教的行為規範，只能是「仁」的品質的外在表現；所以，儒家更注重外在行為背後的內在品質。
匡導外在行為	「君子不可以不學，見人不可以不飾，不飾無貌，無貌不敬，不敬無禮，無禮不立。」（《禮記》）	儒家重視外在行為規範，禮教規定人的外在行為，禮教最容易造成的流弊，就是喪失內在精神，變成徒具形式的繁文縟節，變成扼殺人性的外在桎梏。
克制不良行為	「制禮義以分之，以養人之欲，給人之求。使欲必不窮乎物，物必不屈於欲，兩者相持而長。」（《荀子》）	法律發揮懲罰作用，打擊人的違法犯罪行為。我們不能認為，除了違法犯罪行為之外的一切行為，都是可以容忍的。在違法犯罪行為之外，尚存在著不良行為，這些不良行為，能通過禮教來消除。
滿足精神需要	「喜怒哀樂之未發，謂之中，發而皆中節，謂之和。」（《中庸》）	教養如風，集合就可呼風喚雨，提升社會品味。禮教與樂教相配合，從審美的維度上提高人的生命境界。樂教，陶冶性情，使之達致中和，促使人的生命精神向與禮教相適應的方向轉變。

（資料來源：作者整理）

教養是了解自己的志向、愛惜生命、領悟生活要比求生存重要、知道自己在宇宙與社會的定位，根據利他主義的原則成為對社會作貢獻的社會人，有目標、知有所為有所不為。誠如孟子所言「仁之實，事親是也；義之實，從兄是也。智之實，知斯二者弗去是也。禮之實，節文斯二者是也。」教養是個人自我的努力，省思的累積。孔子說：「禮失求諸野」，一個文明的現代社會必須識書達禮，是每個公民都必需的涵養。

叄、生活教養的體現

我國傳統文化強調禮教社會，《禮記》以「禮義之始，在於正容體、齊顏色、順辭令。」體現生活禮儀，成為「禮儀之邦」。禮節是個人的符合社會規範的合宜行為，著重禮儀踐履者應具有的良好的動態：恭敬而不輕怠，莊重而不輕浮，沉穩而不浮躁，自然而不做作，優雅而不粗俗，真誠而不虛偽，適中而不過分。《孝經》說：「禮者敬而已矣。」禮儀的本義不在玉帛等禮物，而是在一個敬字。敬人就是由衷的尊敬人，因為人人都有可尊敬之處，雖是販夫走卒皆有社會儀節，具體體現，都有令人尊敬的一面。藉由生活禮儀的教學與練習，讓學生將基本的禮儀知識內化為行為與態度，在食、衣、住、行、育、樂等表現合宜大方。

中華民族自古以來素以重視「禮儀修行」。我國古代的「禮」和「儀」，實際是兩個不同的概念。「禮」是制度、規則和一種社會意識觀念；「儀」是「禮」的具體表現形式，它是依據「禮」的規定和內容，形成的一套系統而完整的程式。自傳統以降，人們普遍接受禮儀的教化與薰陶，在言行舉止上以禮儀為美德，以至於人們待人謙恭溫和，相互間關係融洽。孔子畢其一生制禮作樂，即著眼於社會的穩定和老百姓能過上安居樂業的生活，為此，要經由禮、樂把社會往文明之路上提升。這種主張即在推行兩千多年來受到人們的高度評價，是其思想成為民族傳承的道統。我國日常禮儀的規範是由何而來的呢？

表 8-3　我國日常禮儀的規範

特性	內涵
傳統習俗	民間的信仰和風俗習慣，是我國歷史上最顯著的禮俗文化。一切習俗都是起源於人群應付生活條件的努力。某種應付方法顯得有效，即被大眾所自然地採用，變成群眾現象，那就是習俗。
社會需求	傳統習俗到得到群眾的自覺，以為那是有關全體福利的時候，就變成社會規範了。直到規範再加上具體的結構和框架，它就變成社會制度。
社會規範	最早的禮儀並非某個帝王或聖人所制定，而是老百姓集體地約定俗成，它往往與民間的習俗相連繫在一起，是一種以民俗為根基的行為規範。交通發達使得商業活動的頻繁，應對進退的禮節也比以前多了許多。
文化影響	因應社會需求而生成的禮儀，就像生活倫理般成為大家的一種心理意識。禮儀規定我們要遵守，每個人存有「為他人著想」的意念，自然而然的去做，則人際關係更覺溫馨。

（資料來源：作者整理）

　　泱泱中華，一向以「禮儀之邦」著稱於世。「樂善好施」、「扶弱濟貧」是中國人的傳統，體現了中華民族的善良本質和博大胸襟。我國傳統社會強調「傳家有道惟存厚，處世無奇但率真」。忠厚勤敏、敬人敬事是一種美德，鄭康成解釋：「禮主於敬」。假使你敬人人，人人敬你，那麼這個社會就是有禮有德的社會。在這個社會裡，身心都得安樂。敬事所指為，不論替自己辦事，或替他人辦事，都要辦得澈底，例如一件事要辦到十分才算圓滿，那就必須辦到十分，如果只辦到九分，雖差一點點，仍然不算敬事。凡能敬事的人，必能獲得別人的信任，辦事一定容易成功。禮儀文化對今天仍有積極、普遍意義的傳統文明禮儀，如：尊老敬賢、儀尚適宜、禮貌待人、容儀有整等，加以改造與承傳。這對於修養良好個人素質，協調和諧人際關係，塑造文明的社會風氣，進行社會主義精神文明建設，具有現代價值。

結語

　　我國是歷史悠久的文明古國，幾千年來創造了燦爛的文化，形成了高尚的道德準則、完整的禮儀規範，被世人稱為「文明古國，禮儀之邦」。不同

的國家及地域,會有不同禮儀,誠如《禮記》所載:「禮者天地之序也。」序就是秩序,天空裡的日月星辰運行不悖,大地上的山海平原高下相宜,以及春夏秋冬循環不息,就是天地的秩序,也就是禮的來源。我們在思維及行為抉擇時要秉持禮儀的原則:以誠意出發,尊重對方,尊重自我。從「克己」:知足、知止的理性節制,進而發展成「有禮」:尊重、利他的人文素養。「有人必有禮」,「禮行天下」,突顯了中華文明「禮」的智慧和「禮」的精華。而「禮」是社會習慣的規範,「禮儀」是以習慣作為基礎的。適時、適地、適對象的採取最合宜的禮節,就成就禮儀社會了。

第九章　服飾文化

前言

　　凡是人，都有文化的渴求，文化不是奢侈品，不是僅供休閒娛樂，更非高不可攀的貴族品。一九八〇年教宗保祿二世在聯合國國際教科文組織巴黎年會上發表演說：「我們總是依循適合自己的文化模式生活，……人之所以為人，全在於文化，文化越發達，就越有資格被稱為『人』。」可見文化是生活的一部分，也是人類所特有的特質，更是由「物性」提升到「靈性」層次的必要條件。

　　一個文化的世界就是一個具有倫理背景的世界，即是有秩序、道德與美的規範的世界。而人類是生而自由的，充分發揮「自我」是人的義務。因此，追求文化準則的前提及人類必須在倫理道德上享有自由，而這種自由又是人性尊嚴的基礎。所有的文化必須能讓個人的天賦盡情發揮，才能獲得團體內分子的共識。

壹、服飾文化的意涵

　　服飾用品包含衣服與配飾，指衣裳的式樣和裝飾，包括衣服及飾品，如衣服上的圖案、有小花或其他圖案作為裝飾；飾品則如耳環、帽子、圍巾、別針、項鍊等。人類非若動物之直接依賴物質環境以維持其生存。世界性之分工，使人類與其物質環境的關係，因他人之種種發明而大加改善。發明是累積的，發明愈多，即是人類改造環境之能力日在增進之中，最後人類在生物社區的基礎上建立一個文化結構。在中國古語中，「文化」本來是指「文治教化」，與武力征服相對應。「文化」一詞可追溯自《易經》上所記述「觀

乎人文，以化成天下」的所謂「人文化成」，它包括詩、書、禮、樂等文化
典籍和禮儀風俗在內的社會生活各方面因素融凝匯合而成的文化。就中、外
對文化的概說，除了適足以說明其主要意涵外，並且可證諸此概念的久遠。
至於對文化的界定，我們可以中、外學者的觀點加以闡明：依據英國學者泰
勒（Tylor）的定義，文化乃是「一種複雜的整體，包括知識、信仰、藝術、
道德、法律、風俗及作為社會一分子所獲得的任何其他能力。」龍冠海認為：
「文化是人類生活方式的總體，包括人所創造的一切物質的和非物質的東
西。從個別社會的立場來講，一個社會的文化是該社會所建立的，由一代傳
到下一代的，生活方法之總體。」

　　服飾文化普存於人類社會，是因為其提供了如下的功能：

表 9-1　服飾文化的功能

特性	內涵
社會區別 的標誌	作為辨別各民族的一個根據，比地域與政治的疆界及所謂民族特徵更為合乎 現實。
價值能更 有系統	它集合、包含、及解釋一個社會的價值多少成為有系統的。經由文化，人們 發現社會與個人生活的意義和目的。個人了解文化愈澈底，他愈明白它是生 活計畫的一個總體。在文化中及經由文化意義與價值乃成為整合的東西。
社會團結 的基礎	它鼓勵對同僚與社會一般地忠心及熱誠，愛國心的表現在事實上至少是對本 國文化特點的一種欣賞。
社會結構 的藍圖	它使社會行為系統化，使個人參與社會不必時常重新學習和發明做事的方 法。文化將個人與團體所有各部分的行為變成有關係的和協調的。
模塑社會 性人格	一社會中各個人雖有各種獨特的差異，但在其人格上也有個人不能逃避的 一種文化標記。個人雖有選擇和適應的能力，但他的社會人格大半乃文化的 產物。

（資料來源：作者整理）

　　人們對文化概念，也同時是指人對自然有目的的影響和改造；從人自身
塑造而言，是指人對自身精神、肉體和心靈的培育，人類為了提升自己的本
性而增進的知識。因此，歸結而言：「文化是社會所創造的，也是人和社會
生活一切的總和。」十八世紀中期之後，文化和文明概念被學術界採用。文

明被解釋成一切民族都具有的歷史進步現象，表明人類具備了社會生活的
準則和公民道德。

貳、服飾文化的展現

　　劉勰的《文心雕龍》中論述到藝術創造中審美的關係，提出了「情以物
興」、「物以情觀」、「心隨物以宛轉」、「物亦與心而徘徊」的思想，藉以揭示
了藝術創造活動的規律。文化的主要功能是調節與自然、個人與社會的關
係。文化被看作是人的社會活動，是人類特有的生活方式。就是說，文化是
為個體參與社會，與他人互動的依據。而社會本身是文化的直接表現和具體
作為。文化存在的方式和發揮作用的領域是文明。社會歷史過程要在物質因
素和精神因素、人同自然、人同社會的相互聯結、相互作用的統一之中才能
達成，因而文化成為社會職能體系。文化是社會歷史進步實質的表現，顯示
社會和個人之間的密切程度。文化的運作，影響著人的個性的全面發展。換
言之，文化是人類團體中普遍存在的人為現象，是人類為了求生存，以生物
的和地理的因素為根據，在團體生活和心理互動的過程中創造出來的人為
環境和生活道理及方式。文化被創造之後，由於人類心理傳授的作用，它有
繼續存在，繼續增加，因而在時間、空間及內容上有其差異的傾向。

　　就上述的界說，我們可以看到服飾文化具有下列特徵：

表 9-2　服飾文化的特徵

特性	內涵
普遍性	服飾文化普遍存在於每個人類社會。亦即有人類社群的地方就有文化的存在。
繼續性	服飾文化是持續性維繫人類生存不可或缺的部分。
累積性	服飾文化是生活方式的總體，於代代相傳中，累積的文化成果。
複雜性	服飾文化內容廣泛，又由許多因素所構成，因此具有複雜性。
變異性	服飾文化會隨著時間與空間的差異而有所變化。
強制性	任何一個社會的文化對其成員皆有制約的作用，否則該行為便會受到團體的非議。

（資料來源：作者整理）

　　人們將服飾文化定義為社會生活的產物，是為人們所創造出來的物質成果和精神成果的總和。這樣，文化便與自然物分離開來，成為人類社會特有的東西。就上述定義，則可看出：

第一、從社會意識的觀點，文化是對社會存在的反應，是處在一定社會相互關係中的人們製作、創造和直接生產的。

第二、每一個時代的精神生活，構成該時代的精神文化的內容。

第三、服飾文化是人類活動成果，同時是人類精神、財富生產、分配和消費過程。

第四、服飾文化的核心是知識，為人類認識服飾世界的主要依據。

第五、人類的生活方式，是服飾文化水準的具體體現。

　　服飾文化在這裡不是指人類行為及其成果，而是指人類所「學習」的事，即派生出行為的思想體系。服飾文化影響人們的價值標準、範例和準則而使行為方式標準化的能力，成為人的第二天性。服飾文化是一種特殊的客觀現實，在社會中，文化價值可以通過教育被有目的地吸收。

　　由於生活水準的提高和生活節奏的加快，服裝的流行普遍受到人們的關注，服裝流行的預測是一個非常複雜的系統工程，要預測流行就必須首先研究社會內容的變化規律，探討與其流行的關係，同時要認真研究過去的流行，總結各流行之間的因果關係和變化規律，這樣才有可能更加清晰和準確地認識現在的流行，結合當時社會環境的變化趨勢和動向，便可推測出未來的流行。

叁、服飾文化的結構

　　織品係指由天然或人造纖維製成之紗、絲、線，或再以梭織、針織、編結、縮絨、撚結、網結或非織（不織布）等方法織製而成之產品。舉凡一般所見之衣物；家庭用品如窗簾、抹布；生活用品如雨傘、除塵布；醫療衛生用品，如繃帶、尿布，都屬於織品的範圍。

　　織品的構成包含織品纖維的種類（質料）與組成方式（織法）。織品纖維的種類如下：

表 9-3　織品纖維的種類

類別			內容
純質織品	天然纖維	植物纖維	棉纖維、麻纖維。
		動物纖維	絲纖維、毛纖維。
	人造纖維	再生纖維	嫘縈。
		合成纖維	聚醯胺纖維、聚酯纖維與亞克力纖維。
混紡織品	為降低成本或擷取各種纖維優良特性，而由二種或二種以上纖維織造成的織品就稱之為「混紡」織品。		
科技織品	由於紡織科技產業技術提升，為改進純質纖維之缺點，或增強織品之功能性，利用新的織品製造技術或布料加工技術製成的織品，如天絲棉（Tencel）、萊卡（Lycra）等。		

（資料來源：作者整理）

　　無論研究任何團體的文化，我們最好先從事發現它的各種特質，然後予以分類，而找出它們的意義和功用，這對於文化與團體生活的了解是可以有很大幫助的。一個特殊的地區之內所有的文化特質之總和稱為「文化基礎」（cultural base）。這是說一個團體的分子一時一地的文化基礎與別的每有差異，這是一個主要原因。就結構的觀點，對服飾文化組成的要素加以區分：

表 9-4　服飾文化組成的要素

類別	特質		內容
文化特質	文化特質（cultural trait）是文化的最小單位，好比物質的原子，或生物的細胞。它可以是物質的或非物質的；具體的或抽象的。前者如筷子、瓦屋；後者如握手、或其他任何一種最簡單的風俗或禮節。每一文化特質都有它的特殊意義、歷史背景、以及	社會遺業（social heritage）	是指繼承前人歷代累積傳遞下來的一切東西。
		發明（invention）	新文化特質的創造。
		採借（borrowing）	借用別團體的文化；從其來源方面説，這叫做文化傳播。

類別	特質	內容	
	在整個文化中的功能。	變更 （modification）	對其前人所遺下的、自己所發明的、以及採借別人的文化有改變的作用。
文化結叢	文化結叢（cultural complex）是許多特質的一種聚合。它通常是以某一特質為中心，在其功能上與別的特質發生連帶的關係或構成一連串的活動。	一種文化結叢的稱謂總是冠以中心特質的名稱，例如說馬結叢（a horse complex），這是指以馬為中心而牽連到與其功用有關的各種活動，包括騎乘、託運、打戰、耕地、飼養、馬車及馬具的製造等等而言。文化結叢有比較簡單的，像長袍馬褂。	
文化模式	文化各部門的互相關係所構成的全形，普通稱為文化模式（cultural pattern）。不同的文化有不同文化模式，正如不同的個人有不同的人格全形或模式一樣。若以中國的文化模式來和美國的比較，兩者很顯明的有很大的差異。	中國文化的主要特徵是農村經濟、家族主義、祖宗崇拜及人倫的注重，這些的互相聯繫便造成中國文化的獨特方式。美國文化的主要特徵是資本主義、工商業及都市的占優勢、個人主義、小家庭制、民主政治、及科學技術的注重。這些的互相關係便構成美國文化的特殊模式。	

（資料來源：作者整理）

　　複雜的文化結叢有的實際上就是社會制度，是一個社會裡一般人將遵循的行為法則。例如一夫一妻制，從其組成要素觀之，它是一個文化結叢；但如從其體制，即社會規定的行為法則來講，它卻是一種制度。文化結叢的研究之所以重要和有意義就是因為它與人的行為是相關的。各種文化結叢可視為各種社會行為的模式。前者的研究可以幫助我們了解後者的意義；後者的分析也可以幫我們明瞭前者的內容。故文化結叢與社會行為模式可說是一樣東西分從兩方面來觀察，從人的立場來看，它是行為模式；從文化的立場來看，它是文化結叢。換言之，文化結叢是人類活動的一種體系，同時也是社會行為的客觀表現。又如米結叢係指以米為中心的一套活動。如耕田、播種、收穫、舂碾、煮飯、碗筷、以及其他有關的東西。也有非常複雜的，像我國的祖宗崇拜是屬於相當複雜的一類。一個民族的文化模式與它的社會生活形態及其分子的人格模式有密切聯繫，故文化模式的探究對於這種現象的了解是不可以缺少的。

肆、服飾的流行理論

由於人們對流行現象的普遍關注，自然反映在對流行趨勢的觀察；流行文化是一種展現在時裝款式、時尚追求、消費文化、炫耀生活等所組成的集結概念。領導服裝流行趨勢的關鍵人物是時裝設計師，他（她）們扮演著敢於向傳統習俗挑戰的時尚先鋒，是依照一定節奏，在特定地區，在不同階層人群中傳播趨勢作為。

表 9-5　服飾流行文化的發展階段

階段	內涵	代表
十九世紀末到一次大戰	資本主義中的消費現象，隨著社會生產力的迅速發展在整個社會蔓延。使流行文化進一步商品化，加速流行文化的傳播。	斯賓塞（H. Spencer）發現流行時裝禮儀的社會意義。
二十世紀二〇年代到二次大戰	流行文化是一種對符號象徵意義的追求，流行趨勢者的社會意識心理、自我意識以及自我調節的機制。人類在社會互動中扮演他人的角色，從而轉化成自己的意識結構。	索洛金（P. Sorokin）從社會整體探討流行文化的運作邏輯。
二十世紀五〇年代到二十世紀八〇年代	消費活動不是商品功能的使用或擁有，不是商業物品的簡單相互交換，而是一連串作為象徵性符碼的商業物品不斷發出、被接受和再生的過程，是以不同的比例混合出現在人們的生活當中。	李維史陀（Lévi-Strauss）是從結構主義的觀點綜觀流行文化對個人行為的影響。
二十世紀八〇年代到現今	流行文化的分析需要對於一種特殊生活方式的探討，揭示隱藏於生活方式中的明顯實際活動，由於人們所處的社會環境不同，各自的文化、教養和生活方式的制約，在這個多樣化的時代裡流行也變得相當複雜。	哈伯馬斯（J. Habermas）提出溝通行為理論，強調建構一個以「生活世界」為基礎相互間「合理溝通」的新社會。

（資料來源：作者整理）

掌握流行的領導權的人從表面上看是創造流行樣式的設計師或者是選擇流行樣式的商客們，但實際上他們也都是某一類消費者或某一個消費層

次的代理人，只有消費者集團的選擇才能形成真正意義上的流行。為了創造出新奇的特性，服飾流行文化更多地採用神祕化的形式，離開理性主義的傳統文化形式越來越遠，神祕性作為服飾流行文化的一個重要特徵無非就是「不可理解性」或者甚至就是某種「不需要理解的東西」。

伍、服飾文化的規範

服飾的流行每幾年就會發生重大變革，流行與時代息息相通。人生活於文化的薰陶中，不管好壞，它總是人類社會關係的規範，也是人類社會中普遍存在的要素。文化還包括有一個理念系統，亦即什麼是應然的觀念。按照某種標準判斷實體的好壞、行為的可否，這似乎是人類一種普遍性的特徵。每種文化都會涉及道德秩序，說明哪些行為可接受，因為那是正當的；哪些行為不可接受，因為那是錯誤的或是罪惡的。現代社會的文化系統是一種知識系統，作為一定的文化規範，既履行反映社會關係的職能，又行使調節職能。一種觀點，認為文化是通過符號和形象——如語言和藝術，所獲得並轉向傳播的行為模式。服飾文化所形成的規範體系，影響著人們的「信仰觀念」、「價值理想」與「愛好標準」。

表 9-6　服飾文化的規範體系

特性	內涵
信仰觀念	現代最重要的一種信仰或觀念系統，就是文化的價值領域，在文化中含有一種操縱系統，影響著經由物質材料系統而被製成為人所需要的產品。
價值理想	價值（values）是較抽象的理想，表示人們的一般希望。而由一代傳到一代，大家不知不覺地皆依此而行，例如：服飾所運用的顏色存在著不同族群有不同的價值、觀點。
愛好標準	不同文化的人，彼此有其顯著的差別，這從他們日常生活中對事物看法的相異，可觀察得知。這種差別顯示出愛好標準的差異與個人氣質的特質。

（資料來源：作者整理）

由服飾文化類型所形成的服飾風潮是服飾文化區域，其是指一個文化基礎或文化模式所占有的整個地區。這樣的地區不但有同質的文化，而且與別的地區是分開的。最足以表明文化區域這個概念的是原始部落的團體生活形態。他們由於地理環境和歷史背景的影響，每每各據一方，與別的部落少有往還，自己有自己的特殊傳統和生活方式，與任何其他部落的對照都有許多很顯明的區別。這樣一個部落所盤據的地區就叫做一個文化區域。當然這樣的一個區域並不一定是限於一個部落的。一個比較大的文化區域，社會學上有時亦稱「文化領域」（cultural region），以描寫現代國家的文化在地理上的分布情形。

服飾文化對地域性的影響成為一個民族或區域的民俗民風，是一個團體中所流行的比較標準化的習慣行為或活動方法。更簡單地說，它是一個地方的習慣與傳統，例如，見人握手為禮、入屋脫帽等等。有的民俗獲得了團體的贊成和保留，這就叫做風俗。依照英國柯爾（C. Cole）的解釋，風俗是「一個國家或社會團體的分子所共有的行為方法，或至少在他們當中流行很廣，經過長久時間多少被視為當然的，而平常實行時也不需有任何考慮。」

結語

服飾文化係研究人類文化的形態、價值、結構、功用及發生規律，立足於解決現實中人與文化的關係。所以，服飾文化研究具有多重含意。從歷史社會學方面說，文化是人類思想創造的工具，借助於它人可以適應自然、改造自然；從人類學方面說，文化是人類存在的方式，歸結為人在自然和社會中自由的發展；從現象學角度，文化作為符號體系，是在人類社會和歷史實踐過程中產生符號的意義，以傳承人類的智慧。爰此，可深知文化在人類社會的意義及重要性。服飾文化不但具有多樣性，而且還具有人類的同一性。一切文化是統一的全世界歷史過程的一個環節或部分。各個文化區所形成的文化式樣，將隨著文化聯繫、傳播、交流和吸收，被納

入日益擴大的客觀必然的文化綜合過程。每一種社會型態都有自己的作為歷史整體的文化類型。

　　服飾之美指藉由服飾的質料、款式、裁剪、色彩、線條等，表現出穿著者本人和周圍人們的審美習慣、審美標準和審美理念等。透過對國際或民族服飾的認識，學習尊重不同族群之文化，認識與欣賞各國、族群服飾之美，增進對多元文化的了解與體認，進而培養兼容並蓄的人文素養。

第十章　服飾美學

前言

　　服飾美學涉及「服裝」、「人」與「美學」三者的關係，探討：美學基本理論、服飾審美的背景意涵、人體的形態美、服裝設計美學、服飾美學體系等課題。為家政學提供一個更開闊、更多元、更深入、更專業的學習方向。

壹、美學教育的內涵

　　美學（Aesthetics），是以對美的本質及其意義的研究為主題的學科。在傳統的概念中被定義為研究「美」的學說。現代哲學將美學定義為認識藝術、科學、設計和哲學的理論。「服飾美學」強調服裝及飾品美學的現實意義和實用價值。黑格爾對美的定義：美是理念的感性顯現。服飾是人類文化最早的物態化形式之一；也是人們心靈深處的審美文化、審美意識直觀化的審美形態之一。

　　美國教育思想的巨擘杜威（John Dewey）認為，教育即生活，即發展、生長，杜威提出進步教育的理想，取代逐漸與生活經驗脫節的傳統教育，表現個性，培養個性，主張從經驗中學習，唯有當藝術具有人生的實質，而美感經驗成為現實經驗的縮影時，藝術才能在濃縮現實人生的美感經驗中發榮、滋長，表現出價值與意義的累積，欲望與理想的滿足。人要了解藝術就必須回到日常生活經驗，因為藝術起於人生，他強調恢復美感經驗與平常經驗之連續性。真正和藝術有關的是有價值意義的社會生活。經由獨特的途徑，使人類經驗變得豐富，藝術不是多餘奢侈之物，它代表發展的基本力量。

　　視藝術為所有一切現存的傳達方式中最有效的一種工具，例如文學、音樂、圖案、繪畫、雕刻、建築、戲劇、小說和詩歌等等，都是悠久文明的工具。「藝術作品是唯一能在充滿隔閡，和阻礙社會經驗發展的世界裡，人與人間完全沒有妨礙的交通媒介，藝術家創作的最終目的，是要讓人感受到他對世界經驗之洞察。教育是經驗不斷的重組與改造，強調人的主體性，主張人要能主動改變環境以獲得經驗，他的新經驗觀和傳統經驗論不同，知識可在經驗中發生、發展、完成，無須借助經驗以外的任何超越的原則或範疇。「經驗的根本形式就是實驗，同時導向於未來。」

　　「美育」為「美感教育」（Aesthetic education），是「應用美學的理論於教育，以陶冶感情為目的。」（蔡元培）美育的要義「在乎發展被教育者的優良情感及藝術活動，一切感情生活的陶鑄，應使其充分合乎美學的原則。」美育是通過現實美和藝術美打動感情，使得人們能在心靈深處受到感染和感化，從而培養具有感受美、鑑賞美、表現美和創造美的能力的教育。美育既是科學文化教育的重要內容，又是提高人的科學文化素質的重要手段和途徑，它是學校實施素質教育的重要組成部分。

貳、服飾美學的風尚

　　服飾美學深受文化的影響。服飾美學類型是指文化的規範或標準形式易與別的文化辨別者。這種類型的發現方法是拿各種文化作比較和研究而找出代表它們的主要特徵：

表 10-1　中西文化對服飾美學的比較

類型	中華文化	西方文化
思維	中國服飾美學重情。	西方服飾美學重理。
崇尚	推崇儒家與道家的世界觀，追求人與自然的協調統一。將美學觀點建立在「自然之道」的基礎上，影響了服飾美學的發展。	以黑格爾為代表的西方美學理論，視自然為無生命的物質，藝術美高於自然美。

類型	中華文化	西方文化
特色	儒家的服飾美學觀念要求社會倫理道德和服飾樣式的統一，更多的強調了服飾美的社會功能。	以自我為中心的美學觀念的影響下，西方的服飾大多強調誇張人體之美，突出個性。
體現	在服飾上體現為寬衣的質樸方正。	追求明確的立體幾何形態及人體的效果。

（資料來源：作者整理）

　　服飾文化作為人類社會文化的一個重要組成部分具有表徵性特色，在全球文化交流日益加強的今天，中西方服飾的不斷融合，不僅是一種物質生活的流動、變遷和發展，而且反映著世界觀、價值觀的轉變。服飾美學風尚是源於人類的模仿，其特徵有：

表 10-2　服飾美學的特徵

類型	特質	表現
自然風尚	現代工業中汙染對自然環境的破壞，繁華城市的嘈雜和擁擠，以及高節奏生活給人們帶來的緊張繁忙、社會上的激烈競爭加劇等等，造成種種的精神壓力，使人們不由自主地嚮往精神的解脫與舒緩，追求平靜單純的生存空間，嚮往大自然。	自然風尚的服裝，寬大舒鬆的款式，隨順人體，表達主體形象的自然美與生命魅力，強調舒適、寬鬆、飄逸。天然的材質，為人們帶來了有如置身於悠閒浪漫的心理感受，具有一種悠然的美。
典雅風尚	古典風格的服裝是懷舊的作品，有貴族味道，表現上流社會的雍容華貴與不凡氣度。	典雅風尚，因為端莊、高雅、濃厚的特點，展現出「水靜則深」的魅力。
民俗風尚	民俗風格服裝是帶有民族特點的現代作品。基於民族服裝，又超越了，它不是傳統的，而是現代的。	正如旗袍，漢族女性的服飾受旗人服飾的影響，而二十世紀初的設計融入了西方流行元素而演變來的。

（資料來源：作者整理）

　　服飾文化區域的研究對人類關係與團體生活的認識又有很多的貢獻。它不但可以幫助我們明瞭各個社會的生活內容，同時也可以使我們發現文化的類型和文化區域間的關係。譬如，若是我們找出兩個地區的文化內容是類似的，我們就可以推想它們的居民之來源和發展過程大概是有多少聯繫

的。任何一個團體的現有文化都免不了要受三種因素的影響，一是地理環境；二是生物環境，即人口；三是歷史背景。要想了解現在世界各地區域的文化之所以有差異，關於它的這種因素的知識就不可不有。總之，文化區域的研究固然可以幫助我們了解各社會的生活狀態，但各社會的歷史、地理、及人口的探索也可以幫助我們明瞭它的文化特質。

叁、服飾流行的特徵

　　流行具有社會意義，在於其動搖和改變那使社會固定化的傳統習慣和常規，隨著對流行敏感人群的增加，流行根據模仿者的模仿態度，以不同的方式被人們接受和採用。流行被擴大，逐漸在社會上形成一種嶄新的趨勢，會對當時社會成員產生「不仿同就是保守和落後」的強制作用，使流行想更大範圍擴大。流行是一種對時尚的追求，時尚基本上有兩個方面：第一是時，即入時、合時之義，服飾美的表現要素應該符合時代經濟、技術、文化發展潮流。第二是尚，即崇尚、高尚、精華之義，這是時尚一詞最強調的含意。社會是在習慣和流行這兩種性質不同、相互對立的因素不斷相互作用下，在不斷調整「陳舊」與「新穎」的過程中發展前進，那些一開始還接受不了新流行的人，這時也在從眾心理的驅使下被動地開始參與流行。與此同時，新的流行又在尋找勃發，不休止的走向未來。

　　人的思想及行動經常在某種意義上受周圍人們的影響，正如韋伯所說：「流行是與永久的習慣相對立的，是以總是新的為特色的習慣。」在人類的審美感覺中，流行成了一個十分重要的因素，隨著對流行敏感人群的增加，流行被擴大，不管如何，本土化和多元化是服飾美學發展的趨勢和方向，人們對於服飾美的追求也將更加注重偏向自然與和諧。

表 10-3　服飾流行的特徵

特性	內涵		
流行與習慣	人們常常在習慣中尋找安定的慣性，同時又受喜新厭舊的求變心理的支配，習慣和流行就是在這兩種對立傾向的作用下，制約著人類的欲求和行動，調和著社會固定化和流動化。		
流行與模仿	模仿是模仿者與被模仿者之間存在同一的行動欲求時通過一方的刺激，另一方被誘惑而產生的。	直接模仿	即原封不動地模仿，不假思索的模仿，這種模仿產生盲目的流行現象。
		間接模仿	在一定程度上加入自己的意志和見解的模仿，這種模仿促使流行迅速擴大。
		創造模仿	有主見、批判地部分模仿，這種模仿形成流行的個性化現象。
流行的要素	流行現象的因素很多，主要有：A 權威、B 合理、C 新奇、D 美麗。	近代流行	以 A+C+D 的組合，即流行是對權威的追隨為中心開展的，流行的方向是自上而下的。
		現代流行	是 B+C+D 的組合形式，重視合理的功利主義，使流行中開始排除權威因素的影響。
流行的週期	反復是一種自然規律，反復現象表現在流行中即流行的週期，每隔一定的時間就重複出現類似的流行現象，流行的週期性主要受社會環境的制約，特別是決定人類生活方式的變化的經濟基礎和與之相應的價值直接左右著流行週期的長短。		

（資料來源：作者整理）

肆、現代人的服飾觀

　　服飾美學旨在尋找服飾的表現力和表現方法，這就必須了解消費者的需求，人們的需求來自欲望的推動。史學家呂思勉說：「古者田魚而食，因以其皮，先知蔽前，後知蔽後。」在今天，為滿足消費者追求服飾的需要，即不再簡單地理解為產品的購買而已。諸如：服飾應該謀求打扮人體以博得異性的好感而具有感染、吸引力，只不過進入封建社會、教會體制以後，被人為地加以規範，特別是對服裝提出了各種嚴苛的約束。要求服飾要符合穿著者的工作、學習、生活的人文、自然環境要求。那麼，現代人的服飾觀是什麼呢？可以概括為以下九個方面：

表 10-4　現代人的服飾觀

特性	內涵
性感	性感就是通過服飾的特別設計暗示或強化人體的某一部分，將人們的注意力或想像力集中於人體的某一部分而產生的對於異性魅力的觀感，它要求服裝突出對於異性的關注力，並引為服飾審美鑑賞的重要尺度。
時尚	時尚服飾，強調的是款式、顏色、色調、面料、加工工藝等等，代表服飾的發展、前進方向，具有濃重的時代氣息、時代特徵，為人們所推崇、嚮往和追求。
適切	隨著人們生活品質的提高，對於服飾的功能要求，越來越細化、具體化，要求服飾能夠適應自己變動的不同環境要求，即在居家生活、休閒逛街、社交禮儀、公場活動、體育運動時，各有相應的服飾相配。
個性	現代人的服飾表現觀，就是要求服飾能夠盡顯個人的風格、風采、氣質。表現在款式、顏色、色調和價位上，有個人文化取向、偏愛、審美情趣的不同。
實用	與社會經濟生活的要求一致，人們對於服飾產品的品質，由耐用型、技術型進到實用審美型，由一般功能型進入特殊功能型，不再追求經久耐用，而要求適應一次性需要、季節性需要、功能性特殊需要。
品味	現代人看服飾，重視的是精神追求的文化滿足程度。因此，產地的名譽效應，以及名廠商、名設計師所能揭示和挖掘的文化觀、價值觀成為首要的追逐目標。
價位	現代人對於服飾的著眼點不是價格的高低，而在於尋求其滿足自己工作、學習、生活的功能性特殊需要的程度，不再把價格的高低放在購買的首選地位。服飾滿足自己特定的實用審美需要。
服務	現代消費，引導消費和指導消費並存，根源於產品的知識性和以人為本的行銷宗旨。所以，商品購買、消費離不開服務跟蹤，消費者已經把售前、售中、售後服務，列入商品購買、消費的整體概念之中。
品牌	品牌服飾把消費者上述觀念，集中在自己的品牌旗下。也就是說，品牌服飾廠商正是根據現代人的上述理念來包容、塑造其品牌特徵。所以，到品牌服裝店去購買品牌服飾就成為消費者的選擇。

（資料來源：作者整理）

　　隨著經濟發展和社會進步、人文理念的提升，人們對於服飾越來越重視其所代表的文化特徵，越來越重視其文化底蘊。在西方，文藝復興之後，大倡人性解放、人性自由、個性解放，追求人本主義，對人的穿著不再刁難、苛責，於是服飾便越來越開放，講求性感的多種表現形式。

結語

　　「衣之始，蓋用以為飾，故必先蔽其前，此非恥其裸露而蔽之，實加飾焉以相挑誘。」因為服飾是人類的第二皮膚，以自己著裝去強化自身特點來引起異性的重視和關注，是人類最初設計服飾的初衷。服裝發展至今已經儼然成為了一門藝術，設計師將其對自然、對社會、對生活以及對人生的感悟化作優美的線條、圖案或是新型的樣式款式融入於服裝之中，從而喚起觀看者內心無限的聯想同時產生感情上的共鳴抑或是精神上的契合。作為人類對美的追求的表現和文化的表徵，服飾設計是運用美學原理，剖析服飾美學範疇內的因素，試圖探索服飾美學在社會生活的意義。

第十一章　環境生態

前言

　　工業革命之後，生產機具發達，自然資源的開發速度大幅增加，伴隨而來的是國與國之間的經濟競爭轉趨激烈。先進發達的國家，大量消耗資源，因而造成環境破壞的問題。地球環境受到破壞，影響範圍是相當廣泛的。環境問題已超越國界，為全球所共同關注。

　　四月二十二日是世界「地球日」，全球各地超過一百五十個國家地區都有保護地球活動在舉行。地球日活動創始於一九七〇年，由曾任美國Wisconsin 州州長，當時擔任參議員的蓋洛德・尼爾森（Gaylord Nelson）發起，他極力呼籲世人要重視地球環境的保護；而地球日揭櫫的「只有一個地球」更喚起全球性的認同與回應，是環境保護思潮與環保運動中一個重要的里程碑。聯合國在一九七二年於瑞典斯德哥爾摩召開人類環境會議（UN Conference on the Human Environment），提出《人類環境宣言》。我國九十一年制訂《環境基本法》時，明訂六月五日為環境日。

壹、國際社會與地球環境

　　「我們只有一個地球」，地球環境問題已成為國際社會與全球人類共同關注的問題。藉著地球日每年一度的活動提醒，除了讓世人有機會檢討自己是否履行了環保的承諾，也在提醒各國政府檢視所設定的環境政策和目標有無偏差。近年來地球日的關切主題是「氣候變遷、地球暖化」，除了提出許多近年氣候暖化及環境災變事實的數據作為佐證提出環境訴求之外，更在督促各國正視《京都議定書》、《巴黎氣候宣言》等倡議，規範的溫室氣體

減量目標必須確實達成，以避免地球環境沉淪造成人類浩劫。隨著環境問題的惡化，國際間對於環境保護與生態保育的意識也不斷提高。作為地球村的公民，我們尤其應該了解地球環境的義務與權利，並且共同遵守國際環保的協定，一起攜手面對與開創未來的地球環境。從較廣泛的國際社會角度切入，著重臺灣社會與全球國際環境的關係，而重點則在檢視國際社會與地球環境的議題。

對於探討現代社會的學者來說，全球化的討論可讓我們省思生活在「地球村」中的人類，有著休戚與共的命運。雖然全球化的理想確實能帶來社會的繁榮與更好的生活品質，但是，受到強烈質疑也有其依據。對於身處地球村的成員而言，「我們只有一個地球」，全球「生命共同體」的關係正在形成，全球關聯也將更深刻。地球環境是我們人類呼吸、飲水、吃食、居住與活動的場所與棲息處。近年來由於都市人口的急速增加，造成都市生態環境的劇變，但為提升國民居住生活環境的品質，如何從土地開發利用著手，以形成分散型的土地利用，達到擁有豐富的森林、水源、清淨的空氣、寧靜的環境等，並維護各種自然環境、歷史文物和美麗的市景，卻為未來追求生活環境品質的目標。而以清水模工法施作之環保建築，或可列為降低二氧化碳等空氣汙染、提升綠化之有效考量。

為克服都市化所產生的問題，如何隨著都市化的進展，訂定有效對策，以確保環境資源，創造出具有個性的良好環境，分散企業和人口，達到區域性的人口活動的活性化，無論是大都市或地方鄉鎮，使其能成為都市市民活動的廣場，以達到人與環境共存的都市，有賴對都市環境生態平衡問題的認識和了解，始能有效的推行。在此自然環境裡，無論是有生命的生物或無生命的物質，均屬於環境的一部分；所有生物體都依賴一些含有氧、氫、氮與碳等不可或缺的物質來維持其生命。其實，含有這些元素的物質在地球的自然環境裡，是彼此運作、共同循環，而且互相調節的。當這個複雜且精緻的生態系統能維持平衡時，地球的自然環境便可保持平安無事。然而，自工業革命以來，人類挾其科技創新的知識與人定勝天的哲學對大自然大肆破壞，加上對生態系統只求取用，不予補充

的短視近利，自然環境的循環系統失去均衡，世界各國皆面臨環境汙染的問題。

貳、生態環境與風險社會

生態環境係周遭之意，凡一切能量、物質或情況對生物有影響的因子皆為環境。隨著工業化也揭開都市化的來臨，都市是政治、經濟、社會和文化的活動中心，且是企業、金融、交通及資訊等機能的集中地，因之人口大量湧入都市。近年來臺灣地區都市人口持續增加，市區沿都市周邊擴大，以及更多的物質、能源及交通的需求，使都市周邊珍貴的自然環境不僅急速消失，並使環境問題更加複雜化。生態系統（ecosystem）是指相當穩定的有機群體，對其自身及其他自然棲息者間所建立的一種連結與交換關係。譬如說，海洋環境與漁業的關係即為很好的例子。首先，魚的有機排泄物由海洋細菌將它變成無機產物，無機產物又成為海藻生長的養分，而海藻再成為魚的食物。接著，人類食用魚，而排泄物提供植物養分。植物吸碳呼氧，使空氣中養分增加，而氧氣是細菌、海藻、魚與人類生命賴以生存的支援物質。在此循環中，每一環節都是環環相扣，編織成一個複雜且精緻的生命循環。都市環境問題可視為一有機性的複合關係，例如都市內由於大量使用石化燃料，造成能源的生產與消費及大氣汙染的同時並排放出熱量，使得都市地區整體的氣溫及氣候發生變化。再則因都市化及道路交通設施之建設，使得地表面的人工構造物的增加，不僅使都市沼澤地等水面及原始自然地貌消失，也因水面及地面植物的蒸發減少，地下滲透雨水量也減少了，是導致都市氣溫上升及乾燥化和地下水位下降的主要因素。

其實，生物鏈的每一個環結的環境相扣程度都可視為一種複雜的網絡，其中也包含了物質與能源在生態環境中的迴流。然而，當這一生態系統開始出錯時，我們才會深刻體會到大自然安排的微妙與高度效率。譬如說，如果海洋環境中充滿汙水與工業廢棄物，則其用以支持細菌分解排泄物所需的氧氣勢將不足。結果，海洋生物與細菌死亡，魚類死亡，整個環

境相扣的生物鏈也可能因此終止。由於人口往都市聚居活動，都市人口膨脹結果，大量使用各種資源和能源而排出廢汙改變了原有的自然環境，致引起都市周遭地面水的汙染、地盤下陷、大氣汙染、土壤汙染及氣溫上升等問題。

根據德國社會學者貝克（U. Beck）的說法，現代社會可說是個「風險社會」（risk society）。這些因科技使用所帶來的風險具有三個重要特性：

表 11-1　因科技使用所帶來的風險特性

特性	內涵
日常性	現代風險或隱或顯的存在於我們日常生活所使用的能源、機器、交通工具與生活環境中，隨時都可能失控。它的預防與善後經常需要依賴專家來處理，一般人因缺乏足夠的知識而成為「門外漢」，也成為現代人焦慮的來源。
不確定	現代風險不僅較難認知，也較難估算其結果，有時，連專家皆束手無策。譬如說，地球臭氧層破壞對人類有何影響？基因遺傳科技的潛在後遺症如何？沒有人敢保證，科學家也解釋不清楚。資訊矛盾的結果，更增加人們的不安全感與不確定性。
依賴性	現代風險與我們所選擇的生活方式密切相關，雖然我們決定引進科技產品，但卻也增加我們對科技的依賴性。現代人很難避免「高科技」帶來「高風險」的夢魘，在競爭壓力與生活便利的追求下，現代風險只會變得更普遍，風險全球化似乎是難以逆轉的趨勢。

（資料來源：作者整理）

所謂「環境風險」（environmental risk），主要是指科技使用所可能帶來的環境汙染風險。一般而言，常見的環境風險來源有：

表 11-2　環境風險來源

類別	內涵
二氧化碳	石油與煤等化石燃料的燃燒結果，空氣中的二氧化碳會大量增加，於是，日光被吸收進來，但卻阻隔地球所產生的紅外線，形成所謂溫室效應。
氟氯化碳	氟氯碳化物的使用遍及各種工業及日常生活用品。的確，氟氯碳化物增進了許多工業上及人類生活上的便利，但氟氯碳化物是臭氧層的最大破壞物，致使臭氧層無法阻隔日光中的放射線，導致皮膚癌與海洋生物鏈的破壞。

類別	內涵
溫室效應	大都市中之地表面，幾乎被道路及建築物等人工構造所覆蓋，為減低因此而上升的氣溫，都市居民又普遍裝置冷氣機，而使得能源的消耗更為增大，同時又造成氣溫更上升之惡性循環，都市市內及市外之氣溫差，都市人口愈多其溫差愈大。

（資料來源：作者整理）

當空氣中含有一種或多種汙染物，其存在的量、性質及時間會傷害到人類、植物及動物的生命，損害財物，或干擾舒適的生活環境，如臭味的存在。換言之，只要是某一種物質其存在的量、性質及時間足夠對人類或其他生物、財物產生影響者，我們就可以稱其為空氣汙染物；而其存在造成之現象，就是空氣汙染。現代人因市民生活活動，大量消耗能源及資源，而改變了都市之自然生態環境。以上都市環境問題的形成皆為都市市民大量消耗利用各種物質、能源及資源所導致環境問題。

叁、現代社會的環境汙染

隨著經濟及科技的進步，都市各種活動的頻繁以及消費物質的多樣化，使得都市的物質代謝發生巨大的變化和複雜化。同時廢棄物量的增加，也是造成處理上的問題。都市人口規模愈大，每人每日排出的廢棄物量愈多，且由於廢棄物性質的改變，使其處置更為複雜。全球暖化所可能導致的地球浩劫，顯示全人類都應該覺醒，地球生態環境的危機已迫在眉睫。世界自然基金會的《地球生態報告》指出，地球使用天然資源的速度比更新這些資源的速度快了百分之二十五，如果世人生活方式全像英國人，需要三個地球才能滿足資源的需求。地球生態系統可能在本世紀中葉大規模瓦解。環境汙染的預防與控制可以從三個方向著手，包括：第一、汙染源的調查。第二、汙染物在環境中的行為。第三、影響程度的探討。了解汙染源的目的，在於我們希望能從發生源來減少汙染的發生。「環境汙染」（environmental pollution）是指地區性、區域性與全球性的整體自然環境遭到汙染。「我們只有一個地

球」，因此，任何一個地區或國家的環境汙染都是整體自然環境破壞的一部
分。一般來說，環境汙染的來源主要有：

表 11-3　環境汙染的來源

類別	內涵
空氣汙染	「空氣汙染物」如二氧化氮、臭氧、二氧化硫、一氧化碳等物質，在乾淨空氣中之含量均極微少；但在受到汙染的情形下，這些特定物質中的某些種類會大量增加。換言之，某些物質在空氣中不正常的增量就產生空氣汙染的情形。不論是氣體或顆粒狀的汙染物，當濃度太高、量太多或毒性太強時，均足以使呼吸器官內正常功能失效或影響其他器官，使身體不適。
水汙染	來自家庭汙水、工礦廢水、畜牧廢水、垃圾滲出水與農藥、肥料不當使用所造成的汙水。水汙染乃由於事業生產活動或都市市民生活活動排出於環境之汙染物質所形成。雖然河川或湖泊具有一定的自淨能力，但若都市河川汙染至某一程度，將使自淨能力降低，此乃超出自淨能力的汙染物質集中排出之故。生活活動對水質影響包括物質利用後之排出物及能源消耗後之排出物，皆會對水質造成影響。
廢棄物	一般廢棄物包括垃圾、糞便、動物屍體，以及其他非事業機構所產生足以汙染環境的液體或固體之廢棄物。若干有形的廢棄物造成汙染：例如一般廢棄物、排泄物、工廠廢物、廢水與其他化學物質，可能會形成河川汙染或產生有毒氣體。其中，尤其是藥類、化學物質與核能廢料等有毒廢棄物，若是處理不當，很可能引起嚴重的汙染問題，而肥料與農藥也隱藏了另一股汙染危機或環境風險。
土壤汙染	造成土壤汙染的物質大多來自水與空氣，而進入土壤。此外，破壞水土保持，也可能導致土壤的破壞或汙染。土壤的保護與防災，樹木植生覆蓋的綠地，對於土壤的保護有很大的效果，尤其是防止土壤的侵蝕，可藉樹木減少雨水的逕流增進滲透。
噪音	來源多來自工地、工業區、街道交通、飛機、街頭叫賣、音樂，以及鑼鼓雜音等。減少噪音，樹林可遮斷噪音的擴散，而降低噪音，且藉林木的風聲以掩蓋噪音，也是一大心理效果。
酸雨	正常雨水之 pH 值應該是 5.6，如果雨水 pH 值在 5.6 以下，我們就可稱其為酸雨。由於形成酸雨的物質會因為氣流等因素飄散到離來源約五百至一千公里的地方才隨雨水降下，所以酸雨造成的汙染也成為跨國性的汙染問題。酸雨的降落往往造成區域性的災害，不僅形成土質的酸化，也導致人類眼睛與皮膚的損傷、魚類或浮游生物的死亡、植物的枯死，以及橋梁和建築物的腐蝕或嚴重破壞等。

（資料來源：作者整理）

自工業革命以來，環境汙染的程度可說日益擴大。但是，歸納其原因，人口增加、科技發展、工業化、都市化、個人主義盛行與包裝主義流行等是它的基本原因。聯合國「世界氣象組織」二○○六年發表報告指出，現在的全球地表氣溫與一九六一至一九九○年的平均氣溫攝氏十四度相比，高了○點四二度。預計在二一○○年，海平面將比現在高五十到一百四十公分。研究顯示，只要海平面比現在升高一公尺，包括吐瓦魯等許多地勢低窪的太平洋島嶼，都可能被海水淹沒。孟加拉、美國佛羅里達州、紐約市與阿根廷首都布宜諾斯艾利斯也可能受到海水倒灌的威脅。

肆、環境維護與人類生存

全球暖化的議題廣受各國重視，從一九六一年至今，人類生態足跡已增大為三倍多。最近二十年來，就生態系統的負荷而言，人類過的是「入不敷出」的生活。因此應朝向人類大幅改變消耗資源的方式。只要將二氧化碳排放量和漁獲量減少一半，就可能在二○八○年之前將資源的使用和再生差距拉平。

人類已覺醒到：要拯救生態環境，只有靠國際社會自己對地球環境與生態系統的各種保護措施之展開，亦即所謂的「生態保育」（ecological conservation），也就是如何在此棲所去經營這個家。生態保育的策略大致分為：

表 11-4　生態保育的策略

類別	內涵
替代	替代的方法很多，例如 1.我們可以改變生活型態，使用較少能源；2.我們可以使用較少汙染的科技達到我們想要的生活水準；3.我們可以使用其他較少汙染的能源等等。
減量	我們可以維持現有的生活型態，但減少從事活動的次數或規模。譬如說開較小的車（省油）、利用大眾捷運系統（減少耗油）、利用科技的進步使能源的消耗更有效率等。

類別	內涵
保護	保護受體，是指會受到空氣汙染影響的物體，可能是人、動植物，也可能是建築物、河川湖水等。保護受體的方式如：在建築物或雕像等的外層塗上保護膜、培育具抵抗力的植物種類、加石灰到湖水中以避免酸化、在空氣汙染情況嚴重時通知人們減少戶外活動並命令汙染源減少排放等。去除燃料中會產生汙染的物質，如減少煤中的含硫量或汽油中的含鉛量等。
除汙	這個工作比較困難，因為空氣的範圍很大，要將其收集起來，再利用如洗滌塔的設備來去除汙染物，需要投入許多成本。最好是在汙染物還沒有進入大氣前先去除掉。不要使汙染物進入空氣中，譬如在汽車內加裝觸媒轉化器或在煙囪前加裝洗滌塔等。

（資料來源：作者整理）

近年來，從國內民眾對生態保育的漠視到現今的積極參與態度看來，環境保護與生態保育不再是口號，而是全民普遍的共識。其實，地球環境的保護是全球人類最自然的共同責任。環境保育的作為提醒我們，必須注意氣候變遷及地球暖化所帶來的環境危機，對於二氧化碳等溫室氣體的排放減量工作，我們應該要比別的國家更用心。所有人類都應該了解：人類是自然的一部分，地球資源是有限的，必須與其他生物平衡共存。因此，致力於與自然環境調和、確實執行環境保護與生態保育工作，以謀求人類永續生存的基礎，可說是人類覺醒與實際行動不可或缺的要素，更是我們要努力達成的目標。環境保育永續經營，是未來主流，會改寫遊戲規則，誰先準備好，誰就是未來的贏家。

結語

現代社會在生態道德的基本信條有二：熱愛和保護自然環境，愛護和造福後代。幾千年來，特別是近代以來，人類利用科學技術向自然巧取豪奪，帶來了日益嚴重的生態問題，自然汙染、森林被毀、植被銳減、許多動植物滅絕、大氣臭氧層出現空洞、核武器可能毀滅全球……，人類的發展甚至生存已受到了嚴重威脅，保護自然已刻不容緩。生態道德的第一要義就應該是

「熱愛和保護自然環境」。保護自然，實質上是一種功在當代、利在千秋的道德行為。因而生態道德追求的是對人類未來的關懷，這就要求人們在處理其與後代之間關係時，必須堅持「愛護和造福後代」的道德。

第十二章　社區生活

前言

　　社區生活是一種「生命共同體」的社群，也是共有、共治與共享的生活區域，我們的日常生活幾乎是在自己所屬的社區範圍內進行，我們的生活方式與人格發展多半受社區組織的影響。有了社區組織，個人生活便獲得許多便利，這也是它普遍存在的重要理由。雖然「社區」的概念可能範圍大小不一，並沒有明確的界線。這些區域皆有以下的特質如：

　　第一、社區接觸多為直接的，人與人的關係密切。

　　第二、社會行為標準較為單一，風俗、道德、習慣力量較大。

　　第三、生活方式是固定的生活。

　　第四、生活以家庭為中心，血緣方面的關係較為濃郁。

　　第五、人口數量少，密度低，變動少，因此，具有較多保守心理，社會
　　　　　變動現象不明顯。

　　有了社區個人生活便獲得許多便利，使得我們的日常生活幾乎是在自己所屬的社區範圍內進行，人類生存機會是因社區而增強，這也是它普遍存在的重要理由，也因此我們的生活方式與人格發展多半受社區組織的影響。

壹、現代社會的社區生活

　　現代社區生活標誌著文明史上一個新時代的開始。現代社會是伴隨著政治生活、經濟生活、文化生活與社會生活中的深刻變革而興起的；反過來說，現代社區生活又是這些深刻變革的產物。所謂的社區（Community）是指由居住在某一地區裡的人們結成多種社會關係和社會群體，從事各種社會活

動所構成的相對完整的社會實體。雖然「社區」的概念可能範圍大小不一，並沒有明確的界線，但是，它卻是一群人的生活空間。譬如說臺北市的艋舺、大稻埕與大龍峒等概念均可說是社區的最佳寫照。社區具有多個要素：

表 12-1　社區的要素

特質	內涵
人口	是一個有一定境界的人口集團。
意識	居民具有地緣感覺或某些集體意識與行為。
生活	有一個或多個共同活動或服務的中心。
文化	具有地域性的特有生活方式。

（資料來源：作者整理）

社區一詞在希臘語中指「友誼」或「團契」之意。社區理論的形成，則是十九世紀社會學問世以後。德國社會學家杜尼斯（Tonnies）在一八八七年著的《社區與社會》中，系統地描述了社區。所謂的「社區」，指的是一種禮俗社會，接近我們現在所說的傳統鄉村社區；而「社會」乃指一種法理的社會，表現為區別於公社關係的社會關係和各種團體、聯合組織及國家。杜尼斯把社區和社會作為兩個相互對立的概念來說明社會的變遷趨勢，認為社會發展是理性不斷增長的過程。社區和社會就歷史發展而言，接近於傳統農業社區與現代都市社區，是社區的兩種主要表現形式。農業社區是指某地區居民及其制度所保有的結合形式，在此地區的居民或為散居農村，或是集居村鎮，而以村鄉為其共同活動中心。

農業社區或鄉村社區有四個主要特徵：

表 12-2　農村社區的主要特徵

特質	內涵
職業	以農業為主的一群人。
互動	生活在某特定地區的人有密切的互動關係。
規範	享有相同且較為深化的價值與規範。
意識	有強烈的我群觀念，並帶有濃厚的共同意識。

（資料來源：作者整理）

　　至於都市社區則是一個以非農業人口為主的地區，人口密度高、社會流動大、個人匿名性高與高度專業分工。它所展現的是一種異質性現象、職業機能互賴、科層制的發展、理性與個人主義導向的人際關係，並且依賴形式的社會控制。

　　農村社區與都市社區的關係，由產業的角度來看，農村以第一級產業為主，而都市則以第二級、第三級產業為主，兩者出現分工的狀態。當中生產的兩大部門：農業與工業，各自由村落與都市來分擔，但在亞洲各國，有許多短時間到都市工作者，這些勞動者，當不景氣時又回流到鄉村。在產業結構上造成重大的問題，由都市社會的角度來看，這些移動者，可說把半村落的生活方式，帶到了都市社會，瓦滋（L. Wirth）指出，都市的人口，經常由村落的人口來補充，因此都市化程度不高的社區，常兼含農村社區的特質。

　　社區生活是為了滿足社區成員為目的，隨著社會的變動，社區必須積極朝向社區發展的道路。一九七三年臺灣省小康計畫中有一項農村弭貧及改造計畫，成效甚著。社區發展的目的是：

表 12-3　社區發展的目的

特質	內涵
互助合作	提倡互助合作精神，鼓勵社區居民自力更生解決社區的問題。
積極參與	培養社區居民的民主意識，吸引其參與本社區公共事務。
共同建構	加強社區整合，促進社區參與（Community Participation），理性進行社會變遷，以加速社會進步的過程。

（資料來源：作者整理）

　　過去，由於我們較重視社區硬體建設，相對忽視居民的社區認同，致使社區發展理想與實際間落差過大，甚至有名無實。因此，當前社區發展政策的首要任務即是如何強化居民的社區認同與社區意識，如何透過各種社區活動的辦理，加強居民的社區參與與情誼，進而使他們自動自發、相互合作，融合成社區生命共同體，形成社區發展的動力。

參採一九五五年聯合國在《通過社區發展促進社會進步》的文件中，又提出了社區發展的十項基本原則：

一、社區各種活動必須符合社區基本需要，並以居民的願望為根據制定首要的工作方案。

二、社區各個方面的活動可局部地改進社區，全面的社區發展則需建立多目標的行動計畫和各方面的協調行動。

三、推行社區發展之初，改變居民的態度與改善物質環境同等重要。

四、社區發展要促成民眾積極參與社區事務，提高地方行政效能。

五、選拔、鼓勵和訓練地方領導人才，是社區發展中的主要工作。

六、社區發展工作特別要重視婦女和青年的參與，擴大參與基礎，求得社區的長期發展。

七、社區自助計畫的有效發展，有賴於政府積極的、廣泛的協助。

八、實施全國性的社區發展計畫，需有完整的政策，建立專門行政機構，選拔與訓練工作人員，運用地方國家資源，並進行研究、實驗和評估。

九、在社區發展計畫中應注意充分運用地方、全國和國際民間組織的資源。

十、地方的社會經濟進步，須與全國的進步相互配合。

實際應用的社區發展基本原則，常因各國國情或各地域文化的不同而相異，不可強求一律，除了基本原則外，社區工作時應遵循社區地域特質的行動原則。

貳、社區類型與社區發展

社區是一個公民社會（Civil Society），因為其是指占有一定區域的一群人，因歷史背景、地理環境、社會文化、生活水準、職業聲望或其他方面的差異而造成各種不同的地域，並且形成彼此相互依存的關係。一般按社區結構和綜合表現，把社區分為兩大基本類型，即城市社區和農村社區。這兩類

社區具有各自發展的歷程，普遍存在於各個國家和民族之中，是人類社會生活的最基本環境。但伴隨著社會生產力的發展，城市化過程的加快，落後的農村社區日益向城市社區演變。城市社區將成為人類生活的主要舞臺，這也是社區發展的普遍趨勢和基本規律。社區的範圍很難界定，既非行政界域，也無明確界線。然而，對於某一群人而言，社區卻是個人發展認同感與歸屬感，並擁有某些權利與義務的具體存在生活空間。社區也是一種制度、組織或體系，這種組織或體系依其空間分布來說，即是一種區位結構或區位體系。社區有自己特有的文化、制度和生活方式，每一個社區的居民，對於自己所屬社群能產生一種情感和心理上的認同感，即有一種「我是某個地方的居民」的觀念。上述各要素的有機結合構成了活生生的社區整體。

社區具有群體、公社和共同體的含意。它們的構成本身就體現出人與自然、人與社會、人與人之間的諸種關係。社區是一個相對完整的社會實體。就是說，它不僅包括一定數量和質量的人口，而且包括由這些人所構成的群體和組織；不僅包括人們的經濟生活，而且包括人們的政治、文化生活；不僅包括生產關係，而且包括其他社會關係；不僅包括一定的地域，而且包括人們賴以進行生命活動的生產資料和生活資料。總之，它包含了社會有居民共同生活的領域，是宏觀社會的縮影。由於社區是一個歷史範疇，是人類活動的產物，是隨著社會的發展而發展的。嚴格說來，社區是伴隨農業的出現，人們定居並形成村落開始的。農村社區是人類社會最早出現的社區形式。社區類型很多，依據不同標準，可以劃分出許多不同類型。

表 12-4　社區的類型

特質	分類
所處的區位	都市社區、農村社區等。
發揮的功能	工業社區、農業社區、商業社區、文化社區和旅遊社區等。
地理的狀況	平原社區、山地社區、濱海社區等。
發展的程度	傳統社區、發展中社區、發達社區等。

（資料來源：作者整理）

社區發展是一種綜合性工作。要做好社區發展工作，需要整體社區居民參與，並在參與過程中，培養居民的社區意識，使居住者認同社區組織，關心社區事務，進而利用社區資源維護自己的社區環境，深切體認社區是「利害相關，休戚與共」的生命共同體。社區發展指社區居民在政府機構的指導和支持下，依靠本社區的力量，改善社區經濟、社會、文化狀況，解決社區共同問題，提高居民生活水平和促進社會協調發展的過程。一九五四年，聯合國建立社會事務局社區發展組，在世界許多國家和地區積極推動社區發展運動，並得到了一些國家和地區政府部門的重視。

一、傳統社會的農業社區

傳統農業社區是由居住在一有限地域內具有共同利益，並有共同滿足其需求方式之人群所組成。農業社區是：「面對面結合的一個地區，比鄰里大，在此地區內，多數居民利用其集體生活所需之社會、經濟、教育、宗教及其他勞務，並對於基本態度與行為有一致的傾向，通常是以村或鎮為中心。」早期的農業社區有如一個原始部落，自成一個小世界。農民自己生產東西，製造工具與服裝，而將其剩餘產品售給鄰近社區。近代一般先進國家的農業社區因受現代化、都市化與工業化影響，先前的自給自足現今多半已不復存在，轉而必須依賴都市；一切生產、運輸、交易與消費可說是以都市為轉移中心。同樣的，由於臺灣土地改革成功，工業日漸發達，農民生活水準大幅提升，農業社區也有很大的轉變。

二、現代社會的都市社區

一般社會學者認為：都市特性在於它是一種心理與物質結構，也是人類共同營生的地方，其主要特徵是它的社會組織與制度。因此，現代都市社區係指一個集中在有限地域內的人口集團，在法律上具有社團法人的地位，在經濟上具有分工與互賴的特色，在政治上具有地方政府的體制。它的主要營生方式不是直接依賴耕種與捕魚等來獲取食物，而是靠著工商業、服務業與其他專門技能以謀生。在社會互動與社會關係上，它也多半是集體的與間接的。

都市社區大致可分為五種類型：

表 12-5　都市社區的類型

特質	分類
傳統市街	位於都市較老舊地區，居民世居比例高，住商混合性最強，社區凝聚力也高，但因發展時間長，房屋外觀顯得簡陋，土地與建築物的產權相當複雜，例如臺北的迪化街、萬華一帶與延平北路某些地段。
零散社區	原可能是老舊平房或日式大宅院，經地主改建或建商合作而成為較新式住宅區。由於它是新舊雜陳居住型態，都市景觀相當零亂，新住與原住人口間缺乏一體感，彼此情誼較傳統市街淡薄。
公共住宅	包括國營事業提供的宿舍社區，如中油與臺糖等；政府機構提供的員工住宅，如中興新村眷舍；以及居住地狹小但各種福利齊備的傳統眷村。
市地重劃	原為農業用地，經重劃後改成建地，屬於新開發社區，住戶的社經地位也較高，例如木柵與大直重劃區。
造鎮計畫	大多選在都市外圍地區，有不少為山坡地帶，透過大面積土地與低廉地價的整體規劃與設備而開發完成的社區。這類社區發展上的最大困難是住戶居民社區參與意願低，相對缺乏認同感與我群意識。

（資料來源：作者整理）

三、科技社會的網路社群

　　社區生活絕非一種終極產物（finished product）。它的發展如此之迅速，它的潛勢如此之巨大，以致它的面貌每日每時都在發生變化，同時人類特性本身也在隨之而變化。「網路社群」（online community）指的是將實體社會中的社區、團體概念延伸到網路上，網友可以依據各項宗旨在社群網站中成立不同的團體，並藉此進行聯絡與溝通，作為一種新興社區營造的網路社群，最大的意義乃是在於：網路社群利用人有與其他人產生互動、情感維繫以及得到更多資訊的需求，藉此提供一個虛擬空間，讓關心相同主題的使用者群聚在一起並且分享資訊。因此，網路社群等於免費提供了一個虛擬的交流空間，讓有共同需求的人可以很方便且無時差地擁有討論的空間以及自由的資訊空間。此外，網路社群也稱為虛擬社群，最早的虛擬社群可回溯至

一九八〇年代早期，美國一個連結各大學電腦中心的網路 USENET，其主要的目的是傳播不同主題的「新聞」，參與者可以根據各種主題張貼訊息或讀取他人所張貼的訊息，形成一個交流經驗、分享興趣的虛擬社群，最主要是供學術使用；直到一九九〇年代，全球資訊網（www）出現後，才開始為虛擬社群加入了商業氣息；至於，到了一九九〇年代中期，隨著網際網路逐漸在全球各地普及開來，其開放性的架構讓任何連上網際網路的人都能在同一個網站上與全球各地志同道合的人，針對同一主題發表意見、互動交流，這種自由、開放、又具隱匿的特性，更讓各式各樣「網路社群」如雨後春筍般地展現在科技社會裡。

　　無論是農村或是都市社區，居住於社區的人對於所屬社區有一種心理上的結合，亦即所謂的「同屬感」、「歸屬感」；認為該社區與其關係密切，正如同一個人對自己的家庭、故鄉、社會及國家等懷有特別的情感。這種「我群」的意識，使社區成員對於該社區的建設成就有一種認同與榮譽的感受，對於隸屬該社區的活動，都有相當的關注，此種心理的反應便是參與社區建設的動力基礎。具體而言，網路社區發展的重點是：

表 12-6　網路社區發展的重點

特質	內涵
我群歸屬	彼此分享資訊尋求認同歸屬。
解決問題	利用社區資源解決社區問題。
民主自治	社區民主自治的建立。
社群認同	謀求社群的認同。

（資料來源：作者整理）

叁、社區意識與社區參與

　　「社區意識」（community consciousness）是指社區居民對於其所居住社區有一種心理情感，亦即歸屬感與認同感。他既認同這個社區，也屬於社區成員的一分子，好比自己對故鄉與國家的情感一般。這是一種對於所屬社區

的責任心與榮譽感，也是參與社區活動的動力。正如同虛擬社區（virtual community）的概念，就此意義而言，社區意識至少有三個要件：

表 12-7　社區意識的特質

特質	內涵
我群	居民對於所屬社區具有「我群」的認同與情感。
關注	居民關心社區事務與社區發展事宜。
參與	居民願意表達看法或採取集體行動以解決社區問題。

（資料來源：作者整理）

　　社區意識是社區發展的基礎，也是形成生活共同體的基本要素，但卻需要透過居民互動來培養。臺灣現有八千多個村里，有五千六百多個社區，亦即每個社區約涵蓋一至二個村里，如能落實社區建設的工作，不僅反映著草根式民主的價值，也能達到地方自治的體現。這正如同現代社會所提倡「生命共同體」的觀念時，提及：「社區雖然是最基層、規模最小的單位，卻是我們國家社會建設最重要的基礎；因此，應以社區活動為重心激發社區意識，以匯集眾人的智慧和力量，共同建立一個現代化的國家。」臺灣地區的社區發展已有五十年以上歷史，追溯社區發展歷史軌跡，我們當可發現：第一個十年計畫是以農村社區為主要對象，基礎工程與生產福利是主要的工作內涵。第二個十年計畫則以都市社區為實施對象，精神倫理建設是強調的重點。近年來，社區發展層次從早期的硬體建設擴展到公民社會的建立，並且著重整合政府與民間資源，共同改善社區經濟、環境、治安、交通、衛生、福利與教育文化等事務，企求重建鄰里關係與社區發展。長期生活於社區的成員，對社區型態多所了解，與民眾關係密切，對地方尤有情感，因此更能體驗居民於生活上的實際需求。如能以社區建設為服務主軸，顧及社區居民是處於一個共同的生活圈，容易產生地緣的感受，及從屬的集體意識和行為，彼此相互隸屬、相互依賴，並能以集體行動實踐共同的目標時，則必能落實公民社會的理想。社區「是指一個占有一定區域的一群人，而形成的自然團結，自然地域，在該地域中生活的契合，使彼此間存有相互依賴

的關係。」其因具有「地理區域」、「社會互動」、「共同關係」等要素;因此對於地域內共同的利益、共同的問題及共同的需要等,遂容易形成一種共同的意念與想法。而社區發展必須把握能有效解決社區居民切身需求問題;鼓勵社區居民的積極參與;同時培育居民的自助自發是社區發展能否成功的關鍵。綜觀,社區發展可說是一種組織與教育民眾的過程,也是一種社會運動。社區發展的目的在鼓勵社區居民參與、協調各社區關係、運用社區內外資源、採取社區自助行動,達到引導社區的社會變遷與提高居民的生活品質。臺東池上鄉的「農村改造」,遍種黃色菜花,沒有電線桿及房屋,一片綠油油的黃花吸引不少遊子和觀光客,其因農民的參與及共識,是成功的例子。

　　「社區參與」(community participation)是一種社區居民自我覺醒的過程,也是居民對於周遭生活環境關心與投入程度的標誌。透過社區活動與公共事務的參與,除了可拉近彼此的心理距離,也可改善現代都市社區的冷漠面貌。因此,社區參與不僅反映出公民權利意識的覺醒,也進一步形成以社區為行動單位的集體力量。然而,社區參與並無一定的模式可循,最直接有效的方式是相關經驗的學習與傳承,確認社區的問題與資源,以及尋求適切的解決方法。更重要的是:參與過程的所有組織、協調與執行都應由社區居民自動自發的參與,其他相關專業團體或組織則應以促成方式居間協調社區居民。因為倘使居民具有我群的意識,自然會流露出對生活環境的關懷和參與。這種社區歸屬感,也將使社區居民易於產生與地方休戚與共,榮辱共存的心理意念,不僅有助於造福鄉梓,同時社會與國家的關係都能有健全的發展,這項有意義的工作,將不只是社區領袖的使命,也是社區成員的共同期待。展望未來,隨著公民社會的到來,社區組織宜發展出一套社區居民參與公共事務的策略,經由集體意識詳細規劃未來社區藍圖,期使形塑成社區居民的社區參與。

肆、社區總體營造的主張

「社區總體營造」（total community construction）這個名詞主要結合日本「造町」、英國「社區建造」（community building）與美國「社區設計」（community design）等三個概念，強調社區生活共同體、社區意識、社區參與和社區文化。社區總體營造所要達成的目標是：在社會興革上，推動民主化與公共化概念，強調「由下而上」的居民參與，讓社區居民管理自己，也思考其未來；在經濟發展上，著重「文化產業化」，試圖尋求「在地性」經濟發展策略，藉以維持地方產業與生態環境之平衡；在精神倫理上，藉由社區總體營造的社會運動改造社會風氣，培養公義價值觀，重視社區互助與人際互動，積極參與社區事務，期使社區居民成為社區的真正主人；在文化推展上，藉由文化保存與重建地方文化特色，宏揚地方歷史古蹟與文化遺產；在基礎設施上，強調美化居住空間與景觀等社區建設運動凝聚社區意識，並且形塑社區居民的共同記憶。是以，其內涵包括社區工作所強調的「生產建設」、「福利建設」、「倫理建設」、「基礎建設」。

社區民眾自長期生活的經驗亦最能貼切了解實際生活的問題與需求，因此經由民主自發參與過程，更宜持守民胞物與的精神參與地方建設，則不僅體現服務社區居民的職志，也是建構一個能令自己與鄉親同胞安身立命之所。「社區總體營造」強調善於運用並充分發揮「社區資源」（community resources），所強調的是指社區內外所有可以動員，並且有助於解決社區問題、滿足社區需求、促進社區成長與達成社區目標的力量總稱或動力因素。它不僅涵蓋有形物質資源與無形精神資源，也包含兩者整合後所創造的力量。有形物質資源包括人力、物力與財產。無形精神資源則指社區意識的力量，其中融入信仰追求與社團宗旨所形成之個體意願與整體目標。其中，最常用的社區資源可分為五種類型：

表 12-8　最常用的社區資源

特質	分類
自然資源	包括地形、地貌與自然景觀等。
人力資源	例如社區中的親友、師生、社團幹部、政治領袖人物與工商企業人士等均屬之。
物力資源	包括社區活動所需器材、工具、房舍、物料與設備等。
財力資源	例如活動經費、捐款、補助與經費等。
組織資源	社區內的學校、社團、工商企業、公司團體與基金會等。

（資料來源：作者整理）

　　社區總體營造理念代表的是一種寧靜的革命或思想模式的轉變，其結果不僅在營造新社區的形成，也要營造新個人、新社會與新文化的風貌；不但要找回個人的感性，也要營造可以永續經營的家園。社區資源能否充分運用，有賴社區資源的發現、規劃、整合與動用。然而，社區資源的整合不限於社區內，也可超越社區。藉由各種社區活動與組織的運作，可以促使資源網絡的形成、茁壯與擴大，並且有助於達成整體社區發展的目標。社區建設所強調的是：民眾自己與政府機關協同改善社區經濟、社會及文化情況，把這些社區與整個國家的生活結合為一體，使它們能夠對國家的進步有充分貢獻的一種程序。此一程序包括兩項基本要素：第一、居民本諸自動自發精神以改善自己生活水準。第二、運用自助互助的精神以發揮效力的方式，提供技術和服務。亦即，社區建設是經由回應社區民眾的需求性，引導其參與各項計畫與工作，並以自助的原則，達到社區發展的目標。由此，可知社區被稱作「民主的社會工程學」。

結語

　　學者密爾森（Fred Milson）肯定社區居民參與社區工作的價值，並主張：「社會變遷雖由於造成變遷的因素過於複雜而不易為人所控制，但是社會科學研究者仍能藉由已知的各種地理、人文、文化、心理、生物等因素，對

社會發展加以維繫，使社會的計畫變遷有實現的可能。其中社區發展工作就是要積極的指導人類發現社會的問題和需求，發揮人群分工合作的精神，組織既有的人力、物力資源，使社區生活能在有效的建設和調適關係中獲得更高的發展與加速的進步。」經由「社區建設」的強化，將有助於型塑「生活共同體」，乃至於落實「生命共同體」的體現。

第十三章　福利服務社區化

前言

　　由於醫藥衛生進步、國民營養改善、生活水準提高及傳染性疾病的有效控制，使國民平均餘命有顯著的延長，男性平均餘命已由七十五年的七十一歲增為一〇六年的七十七歲，同期間女性則由七十六歲增為八十三歲，兩性平均為八十歲，已達先進國家之水準。臺灣社會邁入「高齡化」的現象，如何妥善照顧老人，確實是一個應當周延對應的課題。

壹、高齡者的福利需求

　　高齡人口的福利需求可分為老年人的經濟保障和福利服務兩個方面，傳統農業社會中的家庭養老，就是指老年人的經濟保障和福利服務均是依靠家庭來提供的，而工業化社會的養老方式則主要依靠老年人的社會保障體系和老年人的社會服務體系。目前政府或民間所能提供的服務相當不足，例如實際提供食衣住行服務和老人問題諮詢的機構就相當地缺乏。對於那些行動不便或生理狀況衰退的老人，我們不能只仰賴傳統的孝道來保護那些受虐或是被忽視的老人，宜加入老人在宅服務，以加強社區照護的發展。社會保障制度是解決老年人經濟保障的方式，主要透過社會保險和財政撥款等方式保障老年人的經濟供給，如退休金、醫療保險等；而社會服務體系是提供老年人服務保障的方法，如老年人的衛生保健服務、生活照料服務和文化教育服務等。先進福利國家的老年社會福利服務體系是由多種性質、多種類型和多種層次的服務網絡組成。在工商社會裡，夫妻多為雙薪家庭，老人日間乏人照顧的問題日益突顯，逐漸的使社區照護觀念

受到重視，社區照護的落實必須和其他福利措施相結合，才能發揮福利的功能。

　　為順應臺灣社會急速高齡化和少子化，建立多元性老人福利政策有其必要性，老人福利政策之規劃要滿足不同社經地位和健康狀況及老人本身生涯規劃的需求。例如：健康照護問題，需要衛生醫療單位的配合；日間托老的服務接送，需要交通單位的支援；老人的保護工作，需要司法單位介入；居住安全則需住宅建築的調整。老人的安養並不限於身體的照護，老人心理的發展與尊嚴的維護亦不容忽視。

　　隨著醫藥科技的進步，人類的壽命大大提高了，老人自六十五歲到他的人生盡頭，往往還有長達二十至三十年的光景，若不將他的能力做有效的運用，對整個國家社會而言是莫大的損失。老年人仍然需要工作，主要理由包括：經濟需求、自我實現、寂寞排遣、人際接觸、心理補償、老化延緩、自尊維護、精神寄託等。所以社會應把老人視為是一份社會的資源，不要因其漸老，就將之放棄或摒棄，而應積極地回應老人的需求，使此一需求得以投向生產。在社會建構老人福利制度的基礎上，加強社區自身照護體系，使老人獲得親屬、鄰居與朋友的守望相助而能在家中安養，成為一種照護體系。老少同堂可以形成隱含性的社會福利資產，藉由家庭結構和社區互助的功能，以提升老人安養品質。爰此，政府宜透過各種獎助及委託辦法，開辦老人社區照顧、營養午餐、老人住宅及保護網絡等服務，發揮社區照護功能，使老人能在家庭、社區當中頤養天年，實屬必要的做法。

　　當我們社會中的老人安養與照護問題日益受到重視之際，健全的老人政策亦將是推動社會福利工作的具體體現；就此，政府不僅應保障老人經濟安全、醫療保健、住所安全、就業保障、社會參與、長期照顧等權益，更重要的是所有的服務要能維持個人的自立、增進社會參與、促進自我實現、獲得公平對待和維護尊嚴，以達社會福利的目標。這是政府建立「長期照顧服務制度」的重要緣由，並將照護類型區隔為：「居家式」、「社區式」、「機構住宿式」、「家庭照顧者服務」等四種類型，並參酌日本於應對高齡者需求的「黃金十年計畫」，以落實「老者安之」的社會福利作為。

貳、老人社區化的規劃

「在地老化」（aging in place）為我國長期照顧政策發展之目標，以避免世界主要工業化國家大量發展機構服務所導致之過度機構化之缺點，降低照護成本，讓有照護需求的民眾能延長留在家庭與社區中的時間，保有尊嚴而獨立自主的生活。惟支持老人留在社區中生活的相關資源仍有不足，未來的發展應以強化社區中的居家支持服務為主，結合社區中長期照護服務與醫療服務資源，提供有需要的老人及其家庭具整合且持續性的照顧服務，儘量做到在老人居住的地區，就地提供其所需要的一切服務。因此不論福利體制為何，其資源發展、服務提供、組織管理、財務支持等策略，多支持社區長期照護體系的建構，希望以「在地」的服務滿足「在地人」的照顧需求，盡可能延長他們留住社區的時間。因此，我國的老人長期照護政策應全面朝「在地老化」目標發展，需要努力的方向包含：第一、評估地區長期照護需求，設定發展目標；第二、發展多元的「在地」服務，服務當地民眾；第三、連結資源建構社區照顧網絡，提升服務成本效益；第四、優先提供居家支持服務，降低對機構式服務的依賴；第五、建構財務制度，支持社區式長期照護體系之發展。

就「在地老化」原則所需的服務，提供連續性、服務輸送體系的可近性等方面，工作重點及方向如下：

表 13-1　在地老化的工作重點

特質	內涵
在地老化的理念	從國際間的發展經驗及我國的民情需要，均顯出我國推展在地老化政策的必要性，「落實在地服務」，強調兒少、身障及老人均以在家庭中受到照顧與保護為優先原則，機構式的照顧乃是考量上述人口群的最佳利益之下的補救措施；各項服務之提供應以在地化、社區化、人性化、切合被服務者之個別需求為原則。

特質	內涵
在地老化的作為	政府宜因應在地老化的發展，進行相關條文的新增或修正，增訂社區式服務措施，為增強家庭照顧老人之意願及能力，提升老人在社區生活之自主性，政府應自行或結合民間資源提供下列社區式服務：保健服務、醫護服務、復健服務、輔具服務、心理諮商服務、日間照顧、餐飲服務、教育服務、法律服務、交通服務、退休服務、休閒服務、資訊提供及轉介服務、其他相關之社區式服務，以強調全人照顧、在地老化、多元連續服務為政策導向，讓民眾不同的需要可獲得滿足。
建立連續性網絡	高齡化社會中，老人的長期照護需求是最需要面對的重要議題，因應老人逐漸老化的多元需求，政府結合民間團體建構居家、社區、機構式的照顧服務模式，老人可能因失能狀況的不同，產生的需求往往不是單一的醫療或是社會福利服務提供單位可滿足，故在家庭、社區、機構之間進出，發生服務不連續的問題。如何使長期照顧服務需求者獲得有效的服務連結、確保服務的連續性，實與提供長期照顧各類型服務等同重要。
建立服務輸送體系	在地老化政策的主要精神，在於服務輸送的近便性。經由社區營造及社區參與精神，發展出社區生活特色及長期照顧社區化之預防功能，建立社區照顧支持系統。透過在地化之社區照顧，將可使失能老人留在社區生活，延緩老化及進入機構的時間，同時減輕家庭照顧者負擔，預防長期照顧問題惡化，營造健康、福利、互助的溫暖社區。
開發照顧資源	當今醫學界和社會學界都提出了「健康高齡化」的口號，讓老人可以長壽且健康的度過老年期。因此，以社區營造及社區參與為基本精神，鼓勵並輔導社區內立案之社會團體普及化設置社區照顧關懷據點，提供初級預防照顧服務。據點服務內涵包括關懷訪視、電話問安諮詢及轉介服務、餐飲服務、健康促進活動，對於偏遠地區或資源缺乏地區，可透過社區照顧服務人力培育過程共同參與。
普及性的據點設置	藉著提供老人家一個熟悉、方便到達且溫暖有人情味的活動場所，不管是藉由志工外出關懷訪視或電話問安，透過餐飲服務或經常性的健康促進活動，均可增進老人與社區互動的機會，真正落實由在地人提供在地服務的目標。此外，據點雖為非正式的照顧資源，經過相關訓練的志工，將可依據案主需求進行轉介，由非正式的照顧資源適當的連結至正式照顧資源，建立連續性之照顧體系；如志工經由定期與老人互動，或透過身心機能檢測，發現長者之變化與需求，隨即可就近處理或聯繫家屬，遇有較複雜個案可轉介至長期照顧管理中心、社會局等相關單位，減少家屬選擇使用不同類別照顧資源上的障礙。

（資料來源：作者整理）

現行雖已有居家、社區及機構式等服務提供，並設置長期照顧管理中心、居家服務支援中心、老人福利服務中心等服務窗口，惟考量人口老化速度急遽，現行之服務窗口普及性仍有不足，民眾使用之可近性仍不高；再者，初級預防照顧服務仍較為缺乏。

今日的工業社會中，由於經濟的發展，導致生產規模、生活方式、家庭組織、生存機會的改變，尤其在醫藥衛生與保健方面的進步與發展，不但使死亡率降低，也使平均壽命提高，社會邁入「高齡化」的現象。人口快速老化，自然應將現有的體制與政策進一步充實，否則不但未來老人安養會出問題，青壯人口的負擔也會更加沉重。長期來看，如何妥善照顧老人，確實是一個應當未雨綢繆的課題。老人的安養並不限於身體的照護，老人心理的發展與尊嚴的維護更不容忽視，因此老年人力的運用也有助於老人對自我價值的肯定。

叁、老人福利立法重點

當老年人口逐步增加時，其生活、安養、醫療、照護、育樂等的需求，自然成為社會的重大議題。臺灣最近幾年來快速高齡化的社會發展型態，已使得老人福利政策必須從基礎性和發展性兩種策略傾向作系統性的規劃，才能有效順應高齡化社會和少子化的社會型態。政府可以透過立法或是針對老人需要長期照顧的前瞻發展，使退休後成為高社經地位之老人，甚至於可以享受比退休前更精緻的退休生涯。《老人福利法》係民國六十九年公布實施，歷經多次修正，重點分述如下：

表 13-2　老人福利法重點

類別	內涵
總則	1. 明訂主管機關與目的事業主管機關；中央與地方政府的權責，遴用專業人員，加強服務。 2. 釐清主管機關各目的事業主管機關權責。 3. 明訂中央與地方政府主管機關掌理事項與範圍。

類別	內涵
總則	4. 提供原住民老人服務及照顧者，應優先遴用原住民或熟諳原住民文化之人。 5. 主管機關應邀集老人代表、專家學者、民間相關機構團體代表及各目的事業主管機關代表參與老人福利業務，其中民間機構團體代表由轄區內民間機構團體互推後由主管機關遴聘之。
經濟保障	1. 對於心神喪失或精神耗弱老人，主管機關得向法院聲請禁治產宣告，維護老人財產。 2. 主管機關應鼓勵老人將其財產信託，以保護其財產安全。 3. 對於有必要接受長期照顧服務之老人，應依其失能程度與家庭經濟狀況提供經費補助。 4. 應依全人照顧、在地老化及多元連續服務原則規劃辦理老人照顧服務措施，並促進其社會參與。
服務措施	1. 針對老人需求，提供居家式、社區式或機構式服務。 2. 為協助失能之居家老人得到所需之連續性照顧，直轄市、縣（市）主管機關應自行或結合民間資源提供下列居家式服務：醫護服務、復健服務、身體照顧、家務服務、關懷訪視服務、電話問安服務、餐飲服務、緊急救援服務、住家環境改善服務、其他相關之居家式服務。 3. 為提高家庭照顧老人之意願及能力，提升老人在社區生活之自主性，直轄市、縣（市）主管機關應自行或結合民間資源提供下列社區式服務：保健服務、醫護服務、復健服務、輔具服務、心理諮商服務、日間照顧服務、餐飲服務、家庭托顧服務、教育服務、法律服務、交通服務、退休準備服務、休閒服務、資訊提供及轉介服務、其他相關之社區式服務。 4. 為滿足居住機構之老人多元需求，主管機關應輔導老人福利機構依老人需求提供下列機構式服務：住宿服務、醫護服務、復健服務、生活照顧服務、膳食服務、緊急送醫服務、社交活動服務、家屬教育服務、日間照顧服務、其他相關之機構式服務。機構式服務應以結合家庭及社區生活為原則，並得支援居家式或社區式服務。 5. 為辦理老人輔具評估、諮詢及資訊，並協助其取得生活輔具，獎勵研發各項輔具、用品及生活設施設備。 6. 鼓勵民間製播老人相關廣電節目，研發學習教材，提供社會教育學習活動及退休準備教育。 7. 推動老人休閒、體育活動，鼓勵老人參與志願服務，以充實老人生活。 8. 訂定雇主對於老人員工不得就業歧視規定，以維護在職場服務老人之權益。 9. 協助失能老人之家庭照顧者，提供其訓練研習、喘息照顧、資訊、諮商、協助支援等服務。 10. 推動適合老人安居之住宅，並協助中低收入老人修繕無住屋或提供租屋補助。 11. 加強老人福利機構管理，保障入住機構老人權益。

類別	內涵
福利機構	1. 老人福利機構類型為長期照顧機構、安養機構及其他等三種類型，各類型機構可單獨或綜合辦理。 2. 私立老人福利機構應冠以私立名稱，並標明業務性質；公設民營機構應於名稱前冠以所屬行政區域名稱，不冠公立或私立。 3. 老人福利機構應與入住者或其家屬訂定書面契約，主管機關應公告規定其定型化契約應記載或不得記載之事項，以確保入住老人之權益。 4. 明訂老人福利機構應投保公共意外責任保險及具有履行營運、擔保能力，以保障老人權益。
老人保護	1. 知悉老人受虐、遺棄、疏忽或生命、身體有危難時應通報主管機關之責任。 2. 結合警政、衛生、民政、社政及民間力量建立老人保護體系，定期召開老人保護聯繫會報。 3. 增加依法令或契約有扶養照顧義務者，留置老人於機構後置之不理，經通知限期處理不處理者，課以罰鍰，公告姓名，涉及刑責者，移送司法機關交辦。

（資料來源：作者整理）

「老人照顧」指的是對於高齡者的關照愛護，照顧主要是對人，重點是看顧、關懷，是關心、愛心的具體表現，也是為了增進老人的福祉。老人福利服務的工作，是團結許多人，以具體的行動幫助有需要的人，而且是針對著社區高齡者的協助。我們也可以借重「照顧」（CARE）的字首進一步認識照顧的精神和內涵，以落實《老人福利法》，推動老人服務工作。其包括：

表 13-3　照顧的精神和內涵

特質		分類
創造性的溝通	C: creative communication	專業服務人員各自以專業針對老人的需求提供積極性的服務。
和諧性的氣氛	A: atmosphere	使服務者在和善的環境中，得到專業者的照護。
感謝性的回饋	R: appreciation for all	感恩所有參與服務的人，也感謝被服務者的配合。
同理心的服務	E: empathy	傾聽老人的心聲，能以誠心互動，以智慧作為。

（資料來源：作者整理）

肆、福利社區化的作為

現代國家無不積極以提高國民生活水準，促進國民生活幸福為主要目的，當我們社會中的老人安養與照護問題日益受到重視之際，健全的老人政策亦將是推動社會福利工作的具體體現；就此，政府不僅應保障老人經濟安全、醫療保健、住所、就業、社會參與、持續性照顧等權益，更重要的是所有的服務要能維持個人的自立、增進社會參與、促進自我實現、獲得公平對待和維護尊嚴，以達社會福利的目標，並秉持「社區倫理化」、「社區藝術化」、「社區科學化」、「社區生產化」之四化精神，促進社區發展與社區福祉。

表 13-4　高齡者福利社區化的作為

特質		分類
健康維護措施	預防保健服務	依據「老人健康檢查及保健服務項目及方式」，規定老人健康檢查及保健服務項目與辦理方式，各直轄市、縣市政府即據以配合全民健康保險成人預防保健服務項目辦理老人健康檢查。
	醫療費用補助	為降低低收入戶就醫時之經濟障礙，對於其應自行負擔保險費、醫療費用，由政府予以補助；至中低收入年滿七十歲以上老人之保險費亦由政府全額補助。
	重病住院看護費補助	為使老人因重病住院無專人看護期間，能獲得妥善照顧並減輕其經濟負擔，特辦理中低收入老人重病住院看護費補助。
經濟安全補助	老人生活補助	為照顧未接受機構安置之低收入戶老人生活，每月平均補助每人生活費用，以安養基本生活。
	老人生活津貼	六十五歲以上未經政府公費收容安置之中低收入老人，其家庭總收入平均每人每月未達最低生活費用標準一點五倍至二點五倍者，每人每月發給三千元，而一點五倍以下者，則發給六千元。
	特別照顧津貼	領有中低收入老人生活津貼，未接受收容安置或居家服務補助，經鑑定醫療機構診斷證明罹患長期慢性病，日常生活活動功能量表評估為重度以上，可申請每月五千元補助。

特質		分類
提供多元活動		為充實老人精神生活、提倡正當休閒聯誼、推動老人福利服務工作，輔導鄉鎮市區公所興設老人文康活動中心，並逐年補助其充實內部設施設備，以作為辦理各項老人活動暨提供福利服務之場所。
提供照護服務	居家照顧服務	為增強家庭照顧能力，以使高齡者晚年仍能生活在自己所熟悉的環境中並獲得妥善的照顧，積極推動老人居家服務。
	社區照顧服務	針對身心障礙中低收入之獨居老人，提供「緊急救援連線」服務。家庭照顧者因故而短期或臨時無法照顧居家老人時，可安排老人至安養護機構，由其提供短期或臨時性照顧。
	機構養護服務	補助民間單位積極興設老人養護、長期照護機構，同時輔導安養機構轉型擴大辦理老人養護服務，以增加國內老人養護及長期照顧的服務量。
安養服務方案	老人安養服務	藉由建立老人保護網絡體系、居家服務與家庭支持、機構安養、醫護服務、社區照顧及社會參與、教育宣導及人才培訓等措施，以達保障老人經濟生活，維護老人身心健康，提升老人生活品質。
	緊急救援連線	為加強對獨居老人的關懷照顧，保障其生命財產安全，適時提供緊急救援服務。
設置服務中心		為增進老人生活適應，設置老人諮詢服務中心，透過社會上對老人心理、醫療護理、衛生保健、環境適應、人際關係、福利與救助等方面具有豐富學識經驗或專長人士參與，對老人、老人家庭或老人團體提供諮詢服務，協助解決或指導處理老人各方面的問題。
輔導機構立案		協助未立案老人安養護機構，經政府透過「輔導」、「取締」雙管齊下之做法辦理下，以達到社會需求的標準。
老人機構評鑑		為加強老人安養護機構之監督及輔導，保障老人權益，促進老人福利機構業務發展，提升服務品質，辦理老人福利機構評鑑。
擴建養護機構		針對老人就養需求殷切及就養機構缺乏地區，優先獎助民間設置及增加公立老人養護床位，紓解老人安養、養護問題，改善及充實設施設備。

（資料來源：作者整理）

結語

我們民族中早就有「落葉歸根」的傳統，「在地老化」的理想正是「落葉歸根」的現代說法，社區是人們生活的地方，是人們安身立命的地方，是講人性的地方，是居民共同的「根」。社區中最容易見到的就是老人——有各種需要的老人。老人有需求，他們所居住的社區很可能有些能滿足他們需求的資源，社區照顧就是「與生活結合」，又是「扎根在自己土地上」的服務。是很人性的，是屬於家庭的，是期盼人們共同投入的，是專業人員各自貢獻所長而需要者各自獲得所需要幫助的現代化服務，社區又是有龐大勞動力的體系。如能將供給與需求結合，對雙方都是美好的。它能適當地修正過去機構照顧的缺失，把人性找回來，又使人性中的愛得以發揮，期待健全社區照護功能，以圓滿因應即將到來的高齡社會。

第十四章　大眾傳播與社會發展

前言

　　報紙、廣播、電視、電影、書籍或網路為社會所應用之後，對於社會的發展就有很大的效果。人們的思維方式及價值觀念常常隨著改變，也促成生活方式的改變。這些工具告訴村民如何改良農業耕種和公共衛生，如何運用新設備；同時又介紹了新的音樂、戲劇、及政治信仰。學校教室也開始運用這些工具；網路及電視的教學使得整個社區的資源，都能夠為老師所運用。

　　在世界各地，愈能運用傳播及網路的地區，愈有機會邁向現代社會的生活方式。傳播的內容可能是娛樂節目或音樂，聽眾也可能是文盲；但是，一有網路，就能介紹外在世界，提供廣闊資訊。大眾傳播及現代化的相關性是很高的。

壹、傳播的載體

　　傳播是人類交流資訊的一種社會性行為。綜觀人類幾千年的歷史，人際間的訊息交流不外以下幾種類型：

表 14-1　人際間的資訊交流類型

類型	內涵
人際傳播	即個人與個人之間進行的訊息交流。如個別談心、個別輔導等。
群體傳播	即在小群體範圍內進行的信息傳播活動。如家庭會議、班級討論等。
組織傳播	即有組織有領導地進行的有一定規模的信息傳播。如報告會、演唱會等。

類型	內涵
大眾傳播	經由現代化的大眾傳播媒介，如電臺、網路、電視、電影、書刊、報紙等，面對整個社會所進行的傳播。由於利用了現代化的技術手段，運用的傳通符號多種多樣，它在傳遞訊息上具有公開化、時效快、涵蓋面廣等特點。

（資料來源：作者整理）

　　大眾傳播促進了社會的繁榮與發展，使人類生活更加豐富多彩；但它也給社會帶來許多消極的東西，如傳播過程中有一些庸俗、錯誤的內容，對青少年的心靈有不良作用等。隨著大眾傳播的快迅發展，學術界開始研究：電視、廣播和報刊這些新聞媒介的特性、發展前途和社會功能，各種新聞媒介的相互聯繫，大眾傳播的效果表現與影響效果的諸種因素等問題。這些問題，引起了政治學、新聞學、社會學和心理學工作者的普遍關注。他們通力合作，對上述問題進行了廣泛的研究，從而促進了傳播學和大眾傳播學的形成和發展。由於傳播學理論既吸收了社會科學的研究成果，也吸收了自然科學中的訊息論、控制論和系統論的一些概念和成果，因此它是一門新興的綜合性學科。

　　在現代社會中，大眾傳播媒體在社會生活中已經扮演了極為重要的角色。因為在大眾傳播媒體出現之前，只有很少人能讀書識字，情報訊息只能經由人們的口信緩慢的傳播。今日，資訊的傳播只是幾秒鐘的事情，只要輕輕一按開關，人們就可以收聽音樂、新聞、戲劇等節目。自這些傳播媒介人們接觸到通俗文化（popular culture）的要素。

　　大眾傳播對人們社會參與究竟產生何種影響？據學者的研究大致可分為下列數端：

表 14-2　大眾傳播對人們社會參與產生的影響

影響	內涵
傳播媒介與文化規範	媒介藉著強調且重複某些主題及特別的解釋，塑造一種對社會事務的觀點。當人們回應外在的資訊時，從媒介來源所內化的標準，可能指導他們的行動。

影響	內涵
媒介與偶然學習	兒童經由電視、網路與其他媒介，感受到一種成人世界的情境，被這一情境所吸引。獲得有關成人的價值觀念、社會角色及其他的社會組織等的知識。
媒體與社會化教育	兒童從媒體學習的東西具有一種直接教育工具的潛能。例如，有意義的兒童節目、交通規則與家庭計畫的節目，可能會產生有效的社會適應功能。

（資料來源：作者整理）

貳、媒體的特徵

大眾傳播媒體（Media of Mass Communication or Mass Media）或大眾媒介（Mass Media）指傳送視聽音訊的非私人性傳播工具。這種工具為機器或其產物，例如電視、廣播、電影、報紙、雜誌、網路等。大眾傳播工具的特徵可從兩方面去分析，一是從技術方面，一是從其收受人方面。從技術方面說，大眾傳播工具是非私人的機械作用，常造成廣範圍的心理流動作用。依此標準，則電視、廣播、電影、報紙、書刊及其他非私人的傳播皆為大眾傳播工具，而戲劇、私人會話及公共演說則非大眾傳播工具。

學者 Murdock 指出，自由市場所營造的情境，是環繞「消費者身分」與「公民身分」的認同而展開的競爭。公民身分強調身為主體的人，應盡其所能，透過媒介傳遞的資訊培養洞析外在事務的能力，進而改善我們的生存環境。但晚近十多年來的媒體發展卻在政治與商業、科技等因素的引導下，萎縮了人們的思考及行動空間。事實上，媒體渲染「消費者身分」，鼓勵人們以個人的消費解決問題，這在社會中的廣告運作表露無遺。當電視、網路普及後，更是創造人們在自家的電視機前完成購物，媒體不單具有公共事務屬性，同時是以符號的消費取代了公共行動。因此造就「雙元結構」（Dual System）：影像消費的富翁與影像消費的窮人；身處在這樣日益發展精進的新媒體時代，正是呈現整體社會貧富差距的過程，它複製著各階層的生活實質與條件，進而鞏固著階級的不流動性。

表 14-3　大眾傳播對人們社會參與究竟產生何種影響

影響	內涵
影像消費 的窮人	大多數社會位置不高、或欠缺文化資本的人，往往還是偏向消費大量同質化、娛樂性的節目。他們至多觀看了節目數量增加，但是性質大同小異的節目。
影像消費 的富人	透過按頻道的方式從媒體得到了豐富多元的資訊選擇權力，在其日常生活中，這些人更確定自己是社會上存在的主體。

（資料來源：作者整理）

　　「今天的民主政治的確有很大的問題。我認為這有一部分的原因，是電視媒體對於平面媒體壓倒性的勝利，完全改變了資訊的生態。在現在的電視媒體上，所有的資訊都是單向的，收看電視節目的觀眾沒有反映意見、參與討論的有效管道。雖然現在網路給予每個人一個重新參與民主團體討論的機會，但是電視媒體仍然是主流。電視有一種魔力，會抓住人，觀眾就是盯著看，幾乎進入半催眠狀態。美國人現在每人平均每天看電視四個多小時。這也影響了民主的品質，因為觀眾在電視前面是被動的接收訊息，被動的接收廣告、企業訊息、娛樂節目，沒有出去接觸社區、鄰居，沒有參與政黨活動。所以民主相對於強而有力的利益團體的廣告訊息，就非常脆弱。」這是美國前副總統高爾（Al Gore）的談話，相當程度反映對傳播媒體生態的看法。我們期望當電腦及網路環境真正建構完備後，能給所有人一個自由溝通的空間、一個包羅萬象的知識寶庫、更多的競爭和更自由的市場，但我們也須面臨日漸疏離的人際關係、無孔不入的資訊商務、甚至更強力的商品宰制霸權。

叁、媒體的種類

　　J. G. Blumler 和 E. Katz 等學者強調傳播的效果如同是「皮下注射」（hypodermic）般地有效，媒介像是打針的針筒，將訊息注射到閱聽人的血管中，而後閱聽人會出現傳播者所預期的反應。我們可以看到，皮下注射解釋模型假定刺激強度與效果強度二者間存在一簡單正比的關係，即傳播愈密集、愈持久、愈經常、愈直接，則其效果愈大。

一、報紙

在大眾媒介系統之中，報紙的歷史最久，其影響也最深遠。所謂報紙，是指「以刊載新聞、評論、副刊、廣告為主的，面向公眾的、定期、連續發行的出版物。」作為一種印刷媒介，報紙具有如下特點：主要使用文字，輔之以圖片，可詳可略，適合對事件的背景、原因作深度的分析報導；訊息含量大，內容廣泛；有較強的時效性，尤其是比之於雜誌；作為消費者的讀者有較強的自主性，可以自由控制閱讀速度、時間、內容等；便於保存，攜帶方便；讀者以長期訂閱為主，受眾市場比較穩定；價格便宜，有利於普及市場開拓。報紙在歷史上的出現，是十六世紀末的事情。報紙作為一種傳播工具，其產生、發展和演變，其社會的高度組織化、有序化的進程是一致的。報紙的力量來自於它報導的客觀、真實和公正。特別是公正，正如同《紐約時報》以「追求事實真相為目標。」這種公正意味著報紙在報導事實、提供消息和各種意見時，能夠保證公平、可信特質。正是由於這種品質，報紙可以用來充當政府的監督者、渾沌世界的照明燈、商品及服務情況的市場發言人、提供重大事件的窗口、符合大眾認知的常識，這使得報紙的作用直接地影響到成員的社會化。

二、廣播

廣播（Radio Broadcasting）指的是經由無線電波或導線向廣大地區或一定區域播送聲音、音像節目的大眾傳播方式。在大眾媒介系統中占有十分重要的地位，其歷史僅次於報紙。人們透過廣播，接受訊息，學習知識，了解社會，適應社會角色。是以，社會學者深信在現代化及社會興革中，傳播正扮演著重要啟蒙者的推手。從受眾本身來看，購買一架收音機付出的，比訂一份報紙、買一臺電視或買一臺電腦要便宜得多。由不同的聲音展現出富有個性的主持人風格，能夠比報紙吸引更多的訊息接受者。特別是在一些經濟不甚發達、文化教育不是很普及的國家和地區，由於訊息傳播的基礎設施比較落後，廣播便成為大眾最主要的交流工具，借助於廣播，人們幾乎

也可以同時分享全球性的訊息資源。廣播與報紙相比，廣播主要有以下幾個特點：

表 14-4　廣播的主要特點

特點	內涵
滲透力	廣播經由電波進行訊息傳輸，只要發射臺具有足夠的發射能力，可以在較大的範圍內瞬間傳播資訊，比起報紙需要龐大的發行網絡，省事經濟得多了。
及時性	廣播在傳播者與接受者之間，只是通過機器轉換訊息，沒有印刷、發行、運輸等環境的制約，如果現場直播，還可以節省編排和後期製作的時間。
生動性	由於電波與語言的結合，電波還原聲音的技術使得廣播進行的傳播具有印刷媒介難以企及的現場感和生動性。
想像力	從廣播裡我們只能聽到聲音，而看不到人物的活動和形象。要完全地理解廣播所傳播的訊息，必須充分地運用人的想像力，展開思維的翅膀。
參與感	廣播可以邀請聽眾同步參與廣播節目，借助於電波，主持人和聽眾可以就社會焦點問題進行分析、評價、發表自己的意見，以實現傳播者與聽眾的雙向交流。

（資料來源：作者整理）

三、電視

電視（Television）是傳送圖像或聲音的一種廣播、通信方式。它應用電子技術對人、物、景的影像及聲音進行光電轉換，然後用電信號傳送出去，使別處或遠方的電視接受機及時重現圖像和聲音。二十世紀三〇年代電視問世時，僅僅只有一種無線電視。如今電視已經發展成為一個大家族，在傳播形式上有有線電視、無線電視、衛星電視；電視是二十世紀最偉大的發明之一，隨著技術的普及和生產力的發展，從涵蓋率、受眾數量來看，稱電視是當今世界影響最大的大眾媒介是不過分的。電視作為大眾媒介除了具備廣播所有的那些特點，如表現能力和臨場感強、有較高的時效性、便於觀眾參與、訊息容量大以外，還有自己更獨特的地方。

表 14-5　電視的主要特點

特點	內涵
娛樂化	電視基本上是一種娛樂性的媒體，它報導的範圍還包括了它的娛樂事業，如電影、唱片；是最有影響的社會化媒介的觀點。
感情化	電視擁有更多戲劇化的表現手段，以渲染戲劇性的場面，從而更容易刺激觀眾的情緒。
親切性	電視作為大眾媒介在人們社會生活中的地位大大提高，收看電視在人們時間的支出上有越來越大的趨勢。

（資料來源：作者整理）

電視作為大眾媒介也存在著不少問題。且不說網絡興起對電視的挑戰，僅就電視的節目內容而言，其在個體社會化中的消極影響不容忽視。

表 14-6　電視的主要問題

特點	內涵
冷漠感	電視造成了人們對社會的冷漠感。因為人們把休閒時間放在電視上，自然減少了相互之間的接觸，疏遠了感情，削弱了他們之間的團體意識。
負面性	電視上的暴力使觀眾或至少部分觀眾在現實生活中產生暴力傾向，尤其是對兒童行為的示範作用。
淺薄姓	電視還誘發了觀眾不現實的期望和感覺，正是這些期望和感覺促成了人們對於既成社會體制重事件輕原因的描述方式，經常把人們或機構演繹為簡單的刻板印象。

（資料來源：作者整理）

電視是當今最主要的社會化工具，其在社會教育、塑造人格、傳承文化方面的作用是無法否認的，電視就是一種產業，其影響力之大猶如一種宗教式的力量，代表了一種經濟和政治勢力。它不僅影響到人民的生活，而且影響到社會生活。影響力比報紙、廣播要大得多。

四、網路

　　網路對社會政治、經濟、文化產生了廣泛而深遠的影響，其特點不僅使它在與傳統媒介的競爭中顯示出旺盛的活力，而且在對社會滲透方面遠遠地超過了傳統媒介。網際網路將社會成員以原子的型態重新放入了電子虛擬社會中，再利用光速任意達到世界各角落。網際上的角色有別於真實社會，使得階級、權勢、地位、性別等固有特質進入電腦螢幕後，都不再有意義。網路足以供應同好者（小眾）一個相當暢通的資訊傳遞管道，而形成另類媒體傳播的主要來源，就一個傳播媒體的範圍及效果而言，網際網路的跨國性足以使運用者的理念超越國家的層次，形成世界公民。由於電腦和網路會促進使用者的自由意識，勢將影響現今社會互動的方式。網路作為最具活力的大眾媒介，作為社會化的重要渠道，在其發展過程中提供其他媒體所無法達成的功能及價值。然而，如同美國學者奈思比（J. Naisbitt）在《大趨勢》一書中指出：「失去控制和無組織的訊息在資訊社會並不構成資源，相反，它會成為人們的敵人。」網路存在若干的問題：

表 14-7　網路的主要問題

特點	內涵
調控性	在網路世界，政府的控制遠不及現實世界那麼有效。由於網路社會具有「無國界」、「超國家」的性質，政府對於開放的網路空間的調控往往是無能為力。
制約性	網路社會不可避免地存在著許多無序現象。如過度自由導致負面訊息、流言、誹謗廣泛流傳。
正確性	過去人們以精緻嚴謹的態度對待訊息，現在則呈現出速食化的特徵，而不能深入地面對資訊的價值。
過渡性	訊息超載已成為困擾人們的一個重要問題，訊息過量改變了人們的傳播習慣。
成癮性	上網成癮會造成嚴重的後果：它不僅會造成個人的心理性疾病，而且會削弱個體的社會規範意識，阻礙與社會集體的感知距離，導致社會的疏離。
隱匿性	由於傳播者是以獨立的「隱形人」在虛擬空間操作，使得他有可能擺脫現實世界的道德與法律規範的制約，從而放縱自己的行為，在這種情況下，訊息的權威性、真實性、準確性也自然得不到保障。

（資料來源：作者整理）

肆、傳媒的功能

電子傳播媒介的興起，引起了傳播領域的革命。而傳播領域的革命，除了科學技術的基礎以外，又與社會、政治、經濟、文化的發展變化有很大的關係。政治界要擴大影響，宣揚主張，必須要運用大眾傳播媒介；經濟要強化競爭能力，擴大經營範圍，也要運用大眾傳播；文化的蓬勃發展，也要經由大眾傳播媒介來完成；教育與傳播媒介的關係則更為密切。

大眾傳播（Mass Communication）是經由報紙、廣播、電視、網路等對廣大的民眾傳送消息或智能內容的過程。大眾傳播的傳送人通常是龐大的組織體，傳播工具是精密的機械技能，傳播方向是單方向，而收受人則係匿名及不定量的大眾。社會科學家研究大眾傳播注重於大眾傳播的過程。這個過程包括以下五個要素：傳播人、傳播工具、收受人、內容及效果。傳播對於社會發展能夠實現下列功能：

一、現代傳播工具提供長久的紀錄，經年累月還可以作為參考之用。

二、現代傳播工具特別迅速，事情發生之後，就可立即傳遍全世界。

三、現代傳播工具使人可以充分的領會到沒有直接經驗的生活方式。

四、現代傳播工具協調人際關係，可以知道團體中他人的事情和感情。

魏伯（G. D. Wiebe）列舉大眾傳播工具的基本特性有：

表 14-8　大眾傳播工具的基本特性

特點	內涵
容易接近	多數公眾，包括各主要社會團體及社會各階層，均可容易接近或取得這類產品。
價錢低廉	大眾傳播工具價錢低廉到各階層人士都可支付，將不包括私人間的初級傳遞，並且也不包括專門性、學術性或具有特殊旨趣的書刊，更不包括精裝書及教育影片。
時間快速	大眾傳播須同時或在很短的時間內將音訊送到千千萬萬的民眾。

（資料來源：作者整理）

　　美國社會心理學家雪利夫婦（M. Sherif and C. W. Sherif）曾說：未具有大量消費性的傳播工具即不是大眾媒介，而要具有這種性質，則非具有同時性與時宜性不可。網路上具有匿名性的特色，吸引人們勇於投入。在網路上，人們可以盡情的在全球資訊網上漫遊，只要使用一個代號便可在各類電子布告欄上和人討論、聊天和結交朋友。在網路的社會裡「彈指之間」，輕而易舉地建構虛擬實境，正說明有些人為何茶不思、飯不想的沉浸在電腦的世界裡，而不願回到真實的世界的原因；且網路上有各種免費的資源和大量的資訊可以利用，使這項科技產品具有著致命的吸引力。

　　大多數的先進國家都了解建構資訊社會的重要性，為了保有在國際局勢中的優勢條件，許多國家正積極展開國家資訊基礎建設行動計畫（NII），用以提升國家整體競爭力，其過程不僅經費龐大影響深遠，同時對既有政府組織型態及行政文化將產生巨大衝擊；另外由於民眾易於經由網路接受新資訊，是以天涯若比鄰已不再是遙不可及的幻想，亦加深地球村的到來。各種資訊的取得方式將有助於教育的傳播，並增加個人機會。加上資料庫建構完備，對於那些無法進入最好學校的學生將是一大福音，能激勵孩子發揮最大的潛能。而遠距教學的實施，使任何地方的人都能夠參與由最好的老師教授的課程。在未來網路和電腦技術更加純熟後，遠距教學將成為教育的主流，而教育最終的目的將從取得文憑，轉變為享受終身學習的樂趣。網路科技帶給人們最直接的好處，無疑地是廉價、快速與便利。網路世界已成為財富與機會的代名詞。面對網路可能為我們社會帶來的衝擊，深值得正視。網路的盛行，不但跨越了時間空間，更跨越了文化和種族，使人們有更多交流的機會，而地球村的觀念也是架構在這個基礎上，一些舊有的觀念如不能因應的話，很快的就會被這個潮流所淹沒。網絡概念可以說是用來表現因資訊交織過程所形成的社會組織之型態，伴隨著全球化，將促使「網絡社會」之崛起。

結語

　　伴隨著科技的日新月異，電腦、網際網路儼然已成為新世紀的主流產業，各種新穎產品大量走入生活。如同傳播學者 Tydeman 的觀察，身處今日媒體多元時代，大多數基層階級或缺少接近文化資本的人，大多偏向消費大量同質化、娛樂性的節目，而不是消費能夠刺激他們參與公共事務的訊息。就這些「影像文化消費的貧乏者」而言，媒體對他們而言至多是呈現了節目的高同質性；相對於此，社會上有一批「影像文化消費富有者」，他們容易得到豐富的媒體資訊選擇權力，滿足了追求多元的尚異品味。這正複製著整體社會的階級差異、加深貧富差距。

　　在現代人類社會中，傳播媒體正在主導一個新社會模式的成型。資訊科技的不斷演進，對人類造成巨大的影響，不論是軍事、政治，或是經濟，它促使新興的人際互動型態應運而生，使得人類的生活愈來愈豐富，從好的一面來看，似乎可藉著它來達成諸多原本不可能的事，但是由於媒體資訊所伴隨的還是高科技，因此易形成資訊壟斷的現象，使得富者愈富貧者愈貧，貧苦的國家，沒有話語權，沒能操作傳播工具，到頭來終必淪為被宰制的一群。我們常說時代巨輪快速的演進，正像當有能力運用它，可以一日千里；反過來說，在它無情的壓力下，也有可能落個灰飛煙滅，萬劫不復。另外，一個刻正邁向資訊化的社會應設法克服文化失調的弊端，依據提出該觀念的社會學家烏格朋（Ogburn）認為，文化進展速度有快慢的不同，一般是物質文化比非物質文化進展為快，於是彼此之間有失調或不能適應的現象，便產生了社會問題。當人們有足夠的能力使用電腦科技產品，也要有足夠的精神文化加以配應規範，方足於建立資訊社會，讓人們真正享有這項傳播文明的成果。

第十五章　網路與資訊

前言

　　自從一九四〇年美國麻省理工學院華納・布希教授（Vannevar Bush）用真空管，製成一臺長達十五公尺的電腦以來，時至今日，電腦和網路已和我們的生活密不可分，我們已經進入一個資訊社會。生活上及學術研究上借助電腦的快速運算及記憶能力以協助處理大小事務，商場上則運用於業務拓展，廠房的自動控制設施，電器用品裡面的微電腦，網路查詢各式各樣的資訊和參與各種主題的討論，運用電子郵件以傳遞訊息，銀行的跨行提款、轉帳等業務等等，資訊載體與我們生活已經密不可分。

壹、網路社會的實況

　　網路（Internet）是二十世紀晚期以來資訊傳播技術發展的結晶。源頭最早追溯到一九六九年，在美國國防部的資助下，史丹佛大學以計算機連通方式創造了網路社會。二十世紀九〇年代，由於商業化的推動，網路實現了爆發性的飛躍，美國提出建立「全國資訊基礎設施（NII）」。由此，網路在全球範圍內迅速發展起來。如今，網絡已儼然成為報紙、廣播、電視之外最具影響力的媒體。網路作為大眾媒介，與傳統的報紙、廣播、電視相比，顯示了自己的許多特點。

表 15-1　網路媒介的特性

特點	內涵
雙向交流	在網路上，傳播者和受眾可能通過電子郵件 E-mail 和公告 BBS、聊天室等方式即時溝通，使訊息的反饋得以即時實現，從而在全新的意義上實現了受眾對訊息傳播過程的參與。
多媒體化	網絡作為一種新的傳播手段，同時具備文字、圖像、視頻、音頻等人類現有的一切傳播手段，也就是說，傳統媒介報紙、廣播、電視的功能在網絡上成功地實現了整合。如網上教育、醫療、購物、交友、開會、閱讀、聽音樂、看電影、打電話、發郵件、學術交流等。
全球傳播	網絡傳播超越國界，甚至在缺乏有線電信網的沙漠地區，也可能通過衛星移動電話聯網。訊息在任何角落進入網路，在瞬間就可以傳遍整個世界。網路消除了有形的和無形的國家邊界，使訊息傳播達到了全球的規模。
傳播即時	能隨時更新，甚至隨時傳播。網絡不存在出版、發行環節，網頁上發布信息，不受時間限制，可以隨時發布、隨時更新，大大地提高了訊息傳播的時效性。
隱匿特性	網上傳播權和選擇權的開放或自由化，隱含著一個重要的前提，即網上傳播者和接受者可以隱匿其真實身分，以一個或多個化名在網上出現。這一方面可為網友的傳播活動提供安全保障，另一方面則易於引發網友的不道德行為和有害訊息的流傳。
快速檢索	隨著計算機數據存儲和處理技術的發展，網上訊息以幾何級數增長，從而為傳播者在渠道利用方面消除了物理空間的限制；同時，網民又可借助於方便的檢索系統，迅速在訊息的世界中搜尋自己需要的內容。

（資料來源：作者整理）

貳、資訊社會的特色

　　大眾傳播媒介（mass media of communication）是在訊息傳播途徑上專事收集、複製及傳播訊息的機構，專指報紙、雜誌、廣播、電視及網絡媒體。對於傳播的社會現象進行系統探討是二十世紀四〇年代，因為隨著新聞廣播和電視事業的發展，將人類推進到了大眾傳播時代。這時的美國，新聞和廣播事業已有相當規模，電視也開始普及，一九六二年首先利用通訊暨衛星進行電視轉播，傳播媒體深入家庭影響個人已不言而喻。在不到一百年時間內，大眾媒介的影響可以說無孔不入，滲透到了社會生活的各個角落。透過大眾媒介攝取訊息，獲得休閒和娛樂，成為大眾重要的生活方式；人們對大

眾媒介的依賴也越來越大，這種依賴性所採取的是滿足某些需要的形式。隨著依賴性的不斷增大，大眾媒介所提供的訊息改變各種態度和信念的可能性亦將會越來越大。這種可能性使大眾媒介在政治社會化的平臺上發揮影響的空間，幾乎是無限地擴大了。

　　資訊媒介的興起，引起了傳播領域的革命。電腦和網路對全球的影響將會是全球步調近趨一致，資源共享的結果將使全球同步文明化，創造共榮的地球村，但所造成的文化衝擊和侵略卻是使人憂心的議題。而傳播領域的革命，除了科學技術的基礎以外，又與社會、政治、經濟情況的發展變化有很大的關係。

表 15-2　資訊社會的特色

領域	內涵
政治	要擴大影響、宣揚主張、提供服務必須要利用傳播媒介，由於民眾易於經由網路接受新資訊，是以天涯若比鄰已不再是遙不可及的幻想，益加深地球村的到來，資訊社會影響深遠，同時對既有政府組織型態及行政文化將產生巨大衝擊。
經濟	要加強競爭能力，擴大生意範圍，要求助於傳播。在營業旺季時，公司將可輕鬆地獲得額外人手，卻不用增加人員編制和擴大辦公室的規模。能夠成功利用網路汲取資源和管理內部的公司將會更有效率。
文化	訊息傳遞蓬勃發展，也要透過傳播媒介來完成。而遠距教學的實施，使任何地方的人都能夠參與由最好的老師教授的課程。
社會	知識及資訊提供與傳播媒介的關係則更為密切。在網路的社會裡「彈指之間」，輕而易舉地建構虛擬實境，正說明有些人為何茶不思、飯不想的沉浸在電腦的世界裡，而不願回到真實的世界的原因。

（資料來源：作者整理）

　　傳播媒介促進了社會的繁榮與發展，使人類生活更加豐富多彩，兼具有即時、方便、大量、繁雜、快速、免費、平等、雙向、親和以及官能刺激等等的特色，網際網路（internet）本身所集結的知識訊息，作為一種虛擬學習社群（Virtual Learning Community）的社會事實，加上資料庫建構完備，對於那些無法進入最好學校的學生將是一大福音，能激勵孩子發揮最大的潛能。然而，細究它之於完整性、正確性、全面性、參考性、深度性以及

真實性等等的結構性限制；連帶地，使用的當事人缺乏相與對應的專業判斷能力，更是讓透過網際網路所截取下載的資訊知識，多少還是停留在問題疑惑的直接解答，而非是藉由資料找尋、書本細讀、歸納整理、消化思辨等等的精緻、內在化過程，以讓知識獲得與吸收的同時，能夠對應出當事者的認知模式和思考能力。資訊社會的不斷演進，對人類造成巨大的影響，不論是軍事、政治，或是經濟，它促使高科技產業應運而生，使得人類的生活愈來愈豐富，從好的一面來看，似乎可藉著它來達成諸多原本不可能的事，但是由於高科技所伴隨的還是高知識，因此易形成資訊壟斷的現象，使得富者愈富貧者愈貧，貧苦的國家，沒有錢買電腦，沒有人會操控電腦，更沒有力量發展電腦，到頭來終必淪為被宰割的一群。是以，隨著大眾傳播的發展，學術界對其內涵、對人們的影響、對社群的關係，著手資訊社會的研究。

叁、資訊社會的影響

由於電腦和網路會促進使用者的自由意識及無遠弗屆的特質，已影響社會互動的方式，網際網路將社會成員以原子的型態重新放入了電子虛擬社會中，再利用光速任意達到世界各角落。如同 *New Yorker* 雜誌內漫畫中所描繪的「在網路上，除非你自己願意承認，否則將沒有人會知道你是條狗。」（註：漫畫是一隻狗坐在椅子上打電腦）網際上的角色有別於真實社會，使得階級、權勢、地位、性別等固有特質進入電腦螢幕後，都不再有意義。且網路上有各種免費的資源和大量的資訊可以利用，使這項科技產品具有著「致命的吸引力」。同時，網路上的商機激起了企業競相爭取的情景，經濟市場正一步一步的電子化，電子貨幣將席捲經濟社會，而新興的電子服務產業創造大量的就業機會，並吸收原本企業組織扁平化而被裁撤的人員，就業市場和產業生態將產生大幅的改變。隨著電腦的廣泛運用，某些傳統職業可能消失，新的產業將會取而代之。人們擔心既有工作將被淘汰，尤其是較年長員工的失業現象將成為社會亟待克服的問題。

　　我們試圖由下列幾個門徑來描繪資訊社會的圖像，用以說明電腦與我們生活的密切關聯：

表 15-3　電腦與我們生活的密切關聯

特點	內涵
網路族群的勃興	網路上具有匿名性的特色，吸引人們勇於投入，在網路上，人們可以盡情的在全球資訊網上漫遊，只要使用一個代號便可在各類電子布告欄上和人討論、聊天和結交朋友。
工作方式的改變	網路勃興之後，有越來越多的人將在家裡上班，通勤族變少的結果，尖峰時段的交通擁擠狀態將逐漸改善。電信通勤族將有更多的時間照顧家庭，使社會生活型態改變。
社會互動的衝擊	網路足以供應同好者一個相當暢通的資訊傳遞管道，而形成另類媒體傳播的主要來源，網際網路的跨國性足以使運用者的理念超越國家的層次，形成世界公民。
教育型態的變化	各種資訊的取得方式將有助於教育的傳播，並增加個人機會。在未來網路和電腦技術更加純熟後，遠距教學將成為教育的主流，而教育最終的目的將從取得文憑，轉變為享受終身學習的樂趣。
企業經營的影響	電腦可代替許多人處理大量的事情，節省掉諸多的管銷費用，增進資訊的分享與交流，可為企業省去開會、制定政策和內部作業等這些龐大的溝通協調費用，有效的通訊系統將減少公司的管理層級，而扮演協調溝通角色的中間管理階層將逐漸式微。
國家建設的興革	大多數的先進國家都了解建構資訊社會的重要性，為了保有在國際局勢中的優勢條件，許多國家正積極展開國家資訊基礎建設行動計畫（NII），用以提升國家整體競爭力。

（資料來源：作者整理）

肆、網路的資訊傳播

　　傳播媒介本身不斷地推陳出新，包括：網際網路服務網（ISP）、網際網路（Internet）、全球資訊網（world wide web）與資訊高速公路（information highway）等等的傳播媒介，皆已成為現代文明人所必須要兼具的基本知能。隨著科技的發展，傳統媒體的角色與界線已經不再，現代的傳播制度在社會上引起相當大的關注，由於電信科技對現代社會的影響日益擴大，

新技術使資訊再生產能力大大提高，語詞、數位、音樂與圖像等等多種形式的資訊在錄製和編碼技術的帶動下能得以快速準確的複製，而資訊處理及再生產的技術與資訊的空間傳遞技術相結合又為交流新模式展現出種種遠景。是以，資訊傳播研究已成為當代社會科學的顯學，資訊方式的改變將會相當程度地改變既有的社會秩序。在網路的資訊傳播的帶動之下，電腦（Computer）、通訊（Communication）、消費性電子產品（Consumer Electronics）及數位內容（Digital Content）的 4C 媒體匯流成為社會主流的趨勢，使得資訊傳播發展隨著載體的一日千里有著快速的變動。關於資訊傳播正在極大地開拓人類的互動，促使社會行為呈現多元風貌。以時空構造、傳遞方法、行動取向及對話方式等四個面向，將人際間的互動區分成三種類型：面對面式的互動（face-to-face interaction）、媒介式的互動（mediated interaction）及網路式的虛擬互動（mediated quasi-interaction），類型如下表（Thompson, 1995）：

表 15-4　媒介的互動類型

互動特徵	面對面式的互動	媒介式的互動	網路式的虛擬互動
時空構造	同時出現；同一時空	分隔；時空的延展	分隔；時空的延展
傳遞方法	繁多	狹少	狹少
行動取向	針對特定他人	針對特定他人	針對不特定的閱聽人
對話方式	對話式	對話式	獨白式
互動實例	教室學習	電話對話	電腦網路
互動侷限	彼此都是具體可以感知到的互動對象，彼此的匿名性被降到最低，而且可以不斷對話的方式增加彼此間的了解。	傳遞訊息的方式受到限制，肢體以及意圖等因無法同時呈現，影響互動的深化，社會中的交流就會發生明顯的變化。	電子技術打開了新型交流播撒資訊的種種可能，該社會中的主體位置也會失去穩定性。

（資料來源：作者整理）

現代的傳播媒介是人們習得社會資訊、知識、技能的重要管道，在資訊傳播行為上，「語言」更能體現社會互動的特色，即是指作為「語言符號」

和「非語言符號」的傳達手段的現代傳播媒介（如電視、無線電通信、電腦、傳真等），這些現代傳播媒介已不再是簡單意義上的傳播工具，而是新型的語言（如電腦語言、終端語言、電視語言等）。當我們在看電視或上網站的時候，個人的想法、情緒等隨著電視或網站的內容而波動。這樣的互動看似彼此在對話，但事實上整個互動過程是以接收者獨白的方式進行。因為互動的影響只發生在接收者身上，而未回饋（feedback）到訊息的發送者，電視等不會因為我們的觀感而立即有所改變。在電信科技不斷被研發與普遍應用的今日社會，媒介式的互動與虛擬互動方式對現代人的日常生活越形重要。是以多數人以社會責任理論期待，大眾傳播媒介在執行自己的主要職能時，同時還必須注意到自己對社會應負的責任。

伍、網路與公共輿論

　　未來學大師奈思比（J. Naisbitt）將資訊、科技，視為引領人們進入資訊社會的主要工具，現代社會制度性常規正在被電子傳播媒介產生的成果所影響。資訊的流通與取得，成為現代人重要的事務，資訊的流通多半借助於大眾傳播，是以擁有傳播工具等於掌握資訊媒介，亦掌控著社會的脈動，其重要性不言而喻。德國社會學家哈伯瑪斯（Jürgen Habermas）將網路所形成的資訊社會視為是公共領域（mediated publicness），其間公民可以自由表達及溝通意見，以形成民意或共識的社會生活領域。

　　傳播對公共領域的影響在資訊社會上是一個相當受重視的議題，大眾傳播改變了公共領域的形成方式，傳統的公共領域或公共性是一群人同時出現同一「場域」，有如：市集、咖啡館等；網際網路是參與自己所關心的議題的便捷方式之一，在自己所關心的議題上，與其他人相連。「媒介的公共性」有四點特色：

表 15-5　媒介的公共性特色

特點	內涵
公共場域	公共事務可以讓散居不同地方的人「看得到」，傳播是人類交流資訊的一種社會性行為，大眾傳播所運用的工具是非私人性，並能造成廣泛的心理流動效果。
空間領域	「視域」的形成不是公眾可以掌控的，在大眾傳播媒介出現之後，社會上的人事物的「公共性」不再需要以一共同的地點為基礎，形成無具體地方的公眾（publics without places），如電視觀眾、收音機聽眾、網路網民等。
社會參與	人們可以超越時空的限制，對公共議題進行討論。形成不需要參與者同時出現在特定的空間場域，因而具備擴大參與的優點。
公眾議題	能見度（visibility）成為進入公共領域的決定性門檻，若無法在媒介公共領域出現的議題，將無法閱聽人有參與感，形成少數菁英宰制的現象。資訊社會的公民應有相等的表達機會，並且自主的形成公共團體。

（資料來源：作者整理）

　　就資訊社會的特質而言，傳播媒體其已非傳統性的社會機制，而是深入個人生活的重要單元。網際網路讓大家可以更容易發表意見、找到可以對社會產生影響的意見、了解其他人的意見，使傳播媒體真正成為社會公器。在現代社會，傳播媒體顯然是公共領域相當重要的構成要件，媒體的功能應該是提供免於壓迫的溝通情境，提供公開、平等、理性的對話空間，讓公共政策得以充分討論。在建構一個正義公平的社會時，應有維護公眾利益的作為，應為人民擁有親近資訊的權益而努力，這方面需要社會大眾更多的重視關心以及參與實踐。

結語

　　然而正如同社會學者賽門（Simon）所言：「資訊不等於知識」般，不可否認的是在知識經濟的席捲風暴裡，排斥或是拒絕使用資訊媒體是一項因噎廢食的不智之舉，特別是這些現代化科技已經內化成為文明社會裡一種重要的生活方式。這是一個媒體氾濫的時代，各種的資訊透過通訊的科技，湧向每一個人，如何選擇適當的媒體以獲得該有的資訊？如何就排山倒海

而來的資訊中挑選出有用的資訊？如何拒絕垃圾資訊？如何辨別資訊的正確與錯誤？如何管理自己的時間來觀賞、閱讀媒體、資訊，這都是生活在各種媒體充斥，資訊氾濫的現代社會中必須具備的技能，也應包含於學校教學之中，而媒體素養當然是現代公民必須具備的基礎素養。

第十六章　個人與社會的互動

前言

　　「個人」是組成社會的基本單元，「個人」也是社會關係的一個根本單位，沒有個人社會也就無法存在，同樣的個人也依存於社會，靠社會滿足人類的各種需欲，個人與社會兩者是互相依賴和互相影響的。

　　生活價值觀係指個人對於人、事、物的看法或原則。凡是自己覺得重要的、想要追求的就是自己的價值觀。價值觀是個人信念、情感、動力和行為的指揮官。個人越清楚自己的價值觀，生活目標就越清楚。價值觀的形成有一定的條件，譬如它必須是個人經由自由選擇、經過思考的，是受個人重視和珍惜的，也是受到個人公開肯定與持續遵行的，同時必須是和個人的其他價值觀互為一致的。因此，個人對於日常生活公開與持續遵行的信念就是他的生活價值觀，可直接影響其生活的態度。

壹、人際互動

　　什麼是行動？什麼是互動？簡單的說：行動是由個人進行的，互動是在個人與個人之間進行的，因此要認識作為互動產物的社會，首先須從認識個人及其行動入手。對此，往往有一種觀點，認為不僅個人，社會（群體、組織、地域社會）也可以是行動主體。如家庭購買、企業投資、城市計畫、國家立法等。的確是如此，但即使在這種情況下，決定購買和投資、制定計畫和法律條文的，實際上還是作為該社會成員的個人。與單純的個人行動不同的是，在這些行動背後，有一個整合多數成員意向的過程，在某種意義上把

代表該社會的資格賦予了履行上述職責的個人。社會行動是經過了上述過程的個人行動。

　　所謂行動：包含欲望、動機、知覺、思考、判斷等。社會沒有欲望，也不會思考，社會行動的說法也就無意義可言。在這種意義上，進行行動的是個人，進行相互行動的也是個人，因此建立社會的也是個人。從現實看，我們都降生在社會中，因此在這種意義上，又不如說社會先於個人。但是，人並不是不能藉由自己的意志，如魯賓遜飄流那樣脫離社會而存在。因此，從理論上說，即使沒有社會，個人也能生存。如後所述，昆蟲大多未建立社會，儘管沒有社會，個體也存在著。以個人追求實現更高需求滿足為目的來說明社會的形成，就是社會的微觀分析或微觀社會學的視點。微觀（microscopic）一詞，雖然有時是在作為考察對象的群體是家庭及工作群體那種小群體的意義上，即以小群體為研究對象。但在這裡，我們要視社會現象為個人層次上的問題，即構成各個人的社會需求滿足來說明社會現象的方法，稱作微觀分析。

　　隨著經濟發展與國際視野的擴展，現在學生接觸不同國家或族群多元文化的機會大增。但因不同國家與族群生活各具特色，認識食衣住行育樂各方面的特色，並能在彼此互動中應付自如，是對不同國家族群間相處的基本尊重態度。了解是尊重的基礎。若能對於不同的國家及族群特殊的生活禮儀有充分的了解，在面對與個人或國際禮儀不同的生活禮儀時，才能因了解而表現尊重的態度。

　　個人的需求滿足過程是行動，因此微觀分析的中心概念就是行動（action），以及作為行動與行動相互關聯的互動（interaction）。行動是個人進行的，互動是在個人與個人之間進行的，因此微觀社會學是採取個體論的方法。它認為社會並未構成獨立的存在層次，所以也可以說微觀社會學採取的是社會唯名論的觀點。但是，我們在採用個體論和社會唯名論時，並不排除集體論和社會唯實論。也就是說，社會的微觀分析並不是社會學分析的全部。這是因為，在社會現象中，有許多問題是不能用個體論乃至社會唯名論觀點來說明的。

社會的微觀分析，是從行動（action）概念進行探討的。因為在個人層次上探討的社會現象，都可以分解為個人行動和相互行動。也就是說，社會和國家無論多麼巨大，還是由構成她們的個人所聚集。不僅如此，如前所述，只有個人才能成為行動主體，企業的行動或國家的行動這種表述，只是一種抽象的。

行動是微觀社會學的中心概念，但行動這一概念被界定為社會學分析的基礎工具，並不是很久以前的事情。「行動理論」是馬克斯·韋伯（M. Weber）所建構的，在聯結在個人層次與社會群體、組織、地域社會等在社會層次上的把握。韋伯對行動的定義：「所謂行動，是指行動者把主觀意圖與行動聯結起來的行為。」受目標、情境、規範性規定和動機建立等的影響。同時，他又提出構成行動的條件，即動機建立、行動者與情境的關係、來自他人的期待體系、情境作為、符號對自我有意義等。

貳、社會互動

由於個人需參與社會，自然產生「社會互動」。社會互動受社會意識的影響，所謂「社會意識」（Social Consciousness）是主觀經驗或意識狀態的一種覺知。因此不同的階級有其特定的意識，不同的種族有其族群的意識，居住不同的地域有其個別的意識。相同的意識可成為群體認同的焦點，進而成為一個社會單位。如採取行動則形成結合，加強認同作用及我群的感覺，並能為共同利益，相互合作。社會意識是人類共有的精神生活，也是社會生活的重要組成部分，其結構包括：

一、意識形態：是經過人們自覺的從社會中的各種現象加以抽濾、概化、創造出來的。

二、社會心理：即群體成員於交往、互動過程中形成共同的心理現象，如：社會情緒。

三、社會結構：是對社會存在自發的反應形式，如：社會輿論、社會風氣、社會偏見。

社會互動需要符合禮儀以為順暢，「禮儀」係指禮節的規範與儀式。不同國家族群因其地理環境及歷史背景各異，在食衣住行育樂等生活規範與儀式也各具特色，形成其異於他國與他族群之生活禮儀。因此，依據國際禮儀做合宜應對是參與國際場合時應有的基本尊重態度。依據我國外交部所範定，國際禮儀包括：

表 16-1　國際禮儀要項

項目	內涵
飲食方面	宴客在社交上極為重要，如果安排得宜，可以達到交友及增進友誼之目的。倘使安排不當，小則不歡而散，大則兩國交惡，不可不慎。因此，宴客名單、時間、地點的選定，菜單的擬定，席次的安排，餐具的排列以及進餐的原則等都須事先妥善考量。
衣著方面	服裝是個人教養、性情之表徵，亦是一個國家文化、傳統及經濟之反映。服裝要整潔大方，穿戴與身分年齡相稱，且需因時、因地、因事而做適當的裝扮。
住的方面	不管平日家居、作客寄寓或旅館投宿，均應注意整潔、衛生、舒適、寧靜及便利等原則。
行的方面	包括行走、乘車、搭乘電梯及上下樓梯等均有一定的國際禮儀，相當重要。
育的方面	在人際的互動交流中，譬如介紹、握手、拜訪、送禮、及寒暄等各有其規範，踰越規範除了貽笑大方，甚有可能構成侵犯他人的行為。
樂的方面	包括酒會、茶會及園遊會、音樂會、舞會、高爾夫球敘等。

（資料來源：作者整理）

社會互動，是具有下述取向的目的實現過程，即作為行動主體的人因需求而產生動機，從他所處的情境中吸取物質的、社會的和文化的各種因素，並通過目的、手段、條件、障礙等形式與這些因素連結起來，從而實現需求的滿足。這個定義強調了因需求而產生動機和與此互為表裡關係的目的取向性。不過，作為定義的中心概念的「需求」一詞的意義相當廣泛，既包括人與動物共有的生理層次的需求，也有人所特有的高級的社會或文化層次的需求，行動概念雖然並不排斥前者，但主要焦點放在後者。人的行動的固有特性，在於人通過有意識的反省作用，預測行動的經過和結果，並進行自我控制。當然，這種自我控制的程度，因每一個別行動的不同而有很大差異，

如果援用馬克斯‧韋伯的行動四類型劃分：目的合理的行動、價值合理的行動、情感行動和傳統行動，則上述特性顯然接近於目的合理的行動，但情感行動與傳統行動也不乏這一特性。所謂把行動作為目的取向的情形，就是指經由這種意識作用的自我控制的過程。至於缺乏這一特性的反射性行為，是行動之前發生的，是排除於行動概念之外。

如果環境的狀況，不能使人獲得適當的滿足，人必用盡方法以追求滿足；除非外界有極強的限制力量，人必追求直至獲得適當的滿足而後止。這就是所謂的「調適」。個人對於社會環境調適的基本目的有三：一為維持人格的完整，二為滿足人生的需要，三為平衡人我的關係。

表 16-2　個人對於社會環境調適的基本目的

項目	內涵
維持人格的完整	如果環境的力量足以妨礙或破壞人格的完整，人必起而護衛。這護衛的行為，我們稱它「調適」。
滿足人生的需要	人生的各種需要與各種願望，例如安全的願望、感應的願望、與稱譽的願望等。人為滿足這種種需要與種種願望，乃表現種種活動以調適於環境。
平衡人我的關係	人雖同具種種的需要與願望，但各人需要與願望的對象與範圍，因各人所生長的社會、所接受的教育、所從事的職業與所結交的朋友等等，而有不同。

（資料來源：作者整理）

無論需要與願望的相同或不同，人在社會中共同生活，勢不能不發生相互的接觸；由相互間的接觸，乃有衝突、競爭、侵害、抵抗、壓制、反動、欺詐、委屈等等現象發生，人為平衡這種種人我間的相互關係，於是表現種種活動；人我間的關係不平衡，人的活動不停止，直至獲得適當的平衡而後止，這就是行為的「調適」。

叄、社會秩序

　　對個人而言，社會誠屬不可或缺，因而有社會的構成因素以為因應，用以維持社會的運作，社會運行過程中，社會的各個部分有規則地排列，並表現出整體的穩定、平衡、和諧發展的狀態。需要有社會規範即：以意識或觀念的形式調整人們在社會生活中各種社會關係，維護社會共同生活的各項行為準則之總和。在不同的社會制度下，社會規範的根本性質存在著差異。在階級社會，社會規範具有階級性質，它是維護統治階級利益，防範廣大民眾的工具。社會規範是維護廣大人民群眾的社會利益，建立良好社會秩序的手段。它通過灌輸和教導的方法，使人們自覺遵守社會共同生活中的行為規則，維護社會的共同利益。表現在兩個方面：一是社會行為秩序：人們在社會關係中遵守並維護一定的社會規範，使社會生活保持著正常、穩定的狀態；二是社會結構秩序：社會整體中的各個部分相互協調、功能互依，達到社會整合之目標，使社會協調發展。社會秩序的好壞是社會存在的標誌，也是社會良性運行的基礎。只有創造安定的社會秩序，才能實現經濟、文化的發展，人民才能安居樂業。因此，維護一個國家的社會秩序是任何政府所追求的政治目標之一。為維持社會秩序的穩定須靠下列因素：

一、風俗

　　風俗是世代相傳做事或行動的社會習慣。簡單說，風俗就是社會習慣。風俗既是一種社會的力量，對於個人行為自然發生影響。茲分數點論述如下：

表 16-3　風俗的影響

項目	內涵
社會標準	風俗所規定而成為的，對於個人即具有約束的力量，所謂風俗的強制力。而人對風俗則有順從風俗的趨向，所謂順從多數的人的心理。

項目	內涵
制約力量	凡流行的風俗，具有社會的標準價值，個人違背風俗時，社會即表示不贊成的態度；這種不贊成的態度，稱為社會的制裁，對於違背風俗的個人，發生很大的影響。大抵人都有願意受社會讚許的心理，一有相反的態度表現，即感覺受了委屈。故大體上說，人都願意接受制裁，而奉行風俗的。
地域差異	鄉村中風俗單純而少變化，人口既少，一致奉行。苟有違背，眾人共見，故其力量自大。都市社會則五方雜處，人各有其本鄉或本團體的風俗，故風俗複雜而變化多。風俗繁多，誰都不能強制誰奉行單一的風俗，於是力量弱而影響小。故從風俗的立場說，都市中的生活比鄉村為自由。

（資料來源：作者整理）

總之，風俗既成為社會上一種集體的力量，即法律有其客觀的存在。故其對個人行為發生很大的影響。

二、時尚

時尚的意義：時尚是一時流行的樣式（style）。樣式就是任何事物所表現的格式。譬如一座房子的外形，有種種不同的樣式；一件衣服的外形，也有種種不同的樣式。他如運輸器具、用具、裝飾、音樂、文字、藝術、說話、用詞，甚至宗教哲學等，也都有樣式可講。凡屬樣式總可時常變遷。所謂時尚即一時崇尚的樣式，自服裝以至理想的品格及渴望的事物，均有時尚可說。只要社會上一時崇尚，任何有樣式可講的事物，無論是有形具體的，或無形抽象的，都可稱為時尚。

表 16-4　時尚的特點

原則	內容
新奇 （novelty）	無論是服裝用具等等都有一種趨向要表示與以往不同——表示不是陳舊的而是新奇的。服裝時尚的變動，幾乎愈新愈好，愈新愈合時尚。
入時 （up to date）	凡入時的，遂覺得優美，覺得好看，覺得為人所看重。
從眾 （conformity）	時尚純粹是一種模仿。時尚是仿效團體中他人的行為，不是為「實用」（utility），而是為「從眾」。因大眾暗示的力量迫使個人不得不出於「從眾」。從眾——從眾人的時尚，便覺得舒適自然，這是時尚的約制力。

原則	內容
奢侈 （conspicuous waste）	時尚流行的重要準則。穿時服者往往旨在表示其力能「多費」入時，而可以不事勞作。這正是「有階級的特徵」。
立異 （distinction）	表示要與一般人不同的願望，人有一種願望要表示與他人不同，為「自我個別化」（self-individualization），這是要表示與眾「有別」。

（資料來源：作者整理）

三、道德

　　道德簡單說就是人類社會認為正當的人人應該遵從的行為標準。涂爾幹說：「道德命令我們，就是社會命令我們，我們服務道德，就是服從社會。」因為是天下古今所同得之理，而為天下古今所共由，所以道德便成為社會上公認正當的人人應該遵從的行為標準。但這所謂正當的人人應該遵從的行為標準，是因時代因社會而有不同，是全憑當時當地社會上人們自己的判斷而定。我國古時以綱常為基本道德，孟子所謂：父子有親，君臣有義，夫婦有別，長幼有序，朋友有信是也。這種基本道德是規定人與人間基本關係的行為標準。推而之於任何社會，亦都有當時公認的正當的行為標準。其標準的內容儘有不同，而在當時當地都認為是正當的，是人人應該遵從的，這一點沒有不同。其次，道德既然是正當的行為標準，凡合乎這種標準的就是「是」的「善」的；不合乎這種標準的就是「非」的「惡」的。所以道德總是有善惡是非可說的。反之，凡是有善惡是非可辨別的行為就含有道德的意義。

表 16-5　道德的特點

原則	內容
有一種 義務觀念	道德的行為是人人認為應該做的，是人人應盡的義務。即使社會上他人不依照這種標準做，而我還認為是應該如此做的，這就是道德。
道德是善 的行為	善的行為常為人所願意踐行，故有可愛的意思，惟其可愛，故人願意踐行道德。這種引起義務心與可愛性的對象，究竟從何而來？稍一考察，便知道，這是社會所決定的。

原則	內容
是由社會所決定	道德，一方面含有義務心，使人不得不實踐，一方面含有可愛性，使人自願實踐；一個社會常在過去定了許多行為的標準。凡可以激發人的義務心與可愛性的行為標準，就是所謂道德。所以道德是社會所決定的。

（資料來源：作者整理）

社會所決定的道德的行為標準，只是日常的正當行為，所謂常道是也。道德與風俗是大不相同。風俗的流行，大致由於順從多數的心理；人之依照風俗，只是順從社會習慣，大家如此做，我亦如此做。不如此做，我如認為是應該做的，我仍舊如此做。這是由於道德的義務心的表現。因此，可知道德的根底全在社會。

四、法律

法律的功用，在限制個人行為，不令有法律所不許的行動，以適合國家社會的需要。凡國家社會認為需要的行為，由法律規定，使得遵照辦理如當兵納稅等是。凡國家社會認為不需要的行為，亦由法律予以限制，如侵犯他人的生命財產等是。人違犯此種規定，國家即認為不法行為而加以制裁。所以從這一點看來，法律的功用，在使社會上各個人的行為，受國家的統治。法律愈多，個人的自由愈受限制，這可使各個人的行為趨於一致。原來社會統制個人行為的機構很多，如風俗、制度、時尚、道德、法律、宗教、教育等等，各有各的範圍，各有各的功用。假使國家要擴張她的統治的範圍，便需要把法律的範圍漸漸擴大能包括風俗道德時尚信仰等一部分的內容。如此，法律的功用愈大，個人自由活動的範圍愈小，而社會一般人的行為則可愈趨於一致。

表 16-6　法律的功用

原則	特性	內涵
消極方面	制裁	制裁在限制違反法律及不利於社會的行為，保障在保護社會合法的行動與利益。無論公法私法都不外這兩種功用。社會上任何方面的改進，無不恃法律為工具。必須在有秩序的生活狀況之下，才可謀社會的改進；必須借重法律的力量，才可推進改進的工作。這是人類在過去生活的經驗中所得的結論，亦即近世法治國家履行法治的基本原則。
積極方面	保障	在使個人在法律所容許的範圍以內活動，以保障社會利益，增進社會幸福。法律原為國家統治人民的利器，一方面固在限制個人行為使遵循一定的途徑以維持社會秩序；而另一方面則在使全國人民在有秩序的生活狀況之下，共謀社會幸福。無論民法、刑法、商法、以至行政法、憲法等等，其最終目的無不在謀社會進步，以增益社會幸福。

（資料來源：作者整理）

五、教育

　　每一社會必有她自己的特殊的文化特質與文化模式。這類特殊的文化特質與文化模式，或表現於思想感情與行為，或表現於風俗制度與文物，都成為社會的標準；流行於社會，為社會上人人所遵從。涂爾幹（E. Durkheim）說：「教育是一代成人對於社會生活尚未成熟的一代所發生的影響」——「教育是一代年輕人的社會化」。由上看來，教育是智識技能思想行為已有相當成熟的人對於尚未成熟的人的一種作用。其次，教育是以社會的標準去籌範年輕人的一種作用，所以可說，教育是社會約制個人行為的根本法則。這種功能貫徹人生未成年的時期，實為個人自立的基本。而實施這種功能，有賴於家庭與學校。

表 16-7　教育的功能

特點	內涵
扶植個人自立	人自呱呱墜地而後，即由父母或其他年長者予以哺育。起初僅是物質生活的供應，繼而予以社會生活的指導；自衣食住行使用器具玩遊戲娛樂，以至待人接物交友合群，無不隨時隨地，加以輔助與指導，使能自立生存於社會。

特點	內涵
傳遞思想文化	一個社會的各種遺業、風俗制度、思想文物以及感情信仰等，無不賴教育以傳遞。其中一部分靠人生初期家庭生活中漸漸獲得；另一部分則在學校中由正式訓練受領；其他部分則在一般社會生活中經過正式或非正式的手續而得。
造就社會成員	如何使社會的標準，為社會上人人接受而遵行呢？這全靠教育的過程。一面社會個人以社會的標準，一面個人經學習的過程而接受之。如是，使每一個人的思想感情與行為，能符合社會的標準，而成為社會的一員。這即所謂社會化，這就是教育的過程。
敦促社會進步	社會上任何部門的知識技能，沒有不經過教與學的過程的，而社會上任何事業都有它的專門智識與技能。可見任何事業的進步，沒有不仰仗於教育的。何況近代社會進步，全賴理論科學的發達，而理論科學與應用科學的發達，是教育發達的結果。

（資料來源：作者整理）

愛德華（Edward）說：在人類史上，社會是利用教育的方法使得個人遵從團體的習慣。如此新陳代謝，先後銜接，使過去社會的遺業，得以綿延繼續，累積發展。所有宗教道德政治法律都是經過教育的體制，才成為社會控制的工具。總之，從大體講，教育的主要功能，不外扶植個人自立，傳遞思想文化，造就社會成員與敦促社會進步。

肆、交流行動

人追求實現更高需求滿足為目的來說明社會的形成。同時也說明了個人與社會之間的關聯性。簡言之，個人參與社會是為能滿足下述需求：

表 16-8　個人參與社會需求

特點	內涵
維持個體的需求	與攝取食物及恢復疲勞有關的生物層次的需求。
維持種族的需求	性需求、與育兒有關的母性需求。
與人互動的需求	依賴他人、與他人產生共鳴、希望得到他人的承認及尊重等等與他人交往的需求。

特點	內涵
文化價值的需求	想掌握學問、學習技術和技能，在事業上取得成功等，源自文化價值的目的而產生的各種需求。

（資料來源：作者整理）

　　交流行動不是在真空中發生的，通常是在情境中產生的。行動者對於外界事物的出現進行主觀的意識賦予，並從自身觀點出發加以定義凡對於行動主體來說成為情境構成因素的人，即所有其他行動者，都是這裡所界定的他人。既然人類是通過與環境的互動作用而獲得人類生存所必需的物質資源，所以社會情境無疑是行動的重要構成因素。根據行動理論的說法，社會同樣也是行動者，因而在社會情境與行動主體之間存在的相互行動。

　　在交流行動中，有許多行為用語言符號把自己意識世界中的主觀構成物傳遞給他人。例如：口頭語言方面有講演、授課、討論、辯論和戲劇等，文字語言方面有小說、詩詞、學術論文等。非語言符號是一種在使用上很受限制的形式，為音樂會作曲的音樂家和演奏樂曲的演奏家的行動，為展覽會繪畫的畫家的行動等，都是純粹使用非語言符號把一定的意念傳遞給他人的行動。作為這些行動的結果，如果行動主體與行動客體相互加深了了解、獲得了共同的感受，則這種行動可說是哈伯馬斯所說的「溝通行動」。但是，通過符號進行的交流，絕不是僅如上述而已。例如：工人根據分工系統以製造產品的行動，和商店裡把商品賣給顧客的行動，則是哈伯馬斯所說的「目的性行動」。此時，行動的目的不在於交流，而在於製造和銷售，但這些行動是不能單獨進行，必須與交流同時進行。

結語

　　個人的行為，無論是單獨的或與他人聯合的行為，都無非為維持人格的完整，滿足人生的需要，或平衡人我的關係。人的人格觀念、人生需要與人我關係，儘有不同，而同具這種種傾向無疑。人為達到這各種目的，乃表現種種的活動，以求與社會環境獲得相當的調適。

第十七章　學校教育

前言

　　臺灣教育的現況，仍有諸多待突破之處，例如升學壓力沉重、學制太過僵化、高等教育國際化不足、十二年國教顛顛簸簸、中輟生逐年增加、弱勢族群學生教育尚未落實、技職教育逐漸萎縮、因少子女化致招生大量不足，然而影響臺灣發展最嚴重的莫過於國民素養的低落。

　　過去二十年臺灣的教改，固然創造了更多元、開放的入學管道，並力圖減低學生的學習壓力；但與此同時，我們卻也看到一個世代學習力與學習動機的衰落，與其他國家相比，在不少學科上的競爭力也明顯下降，凡此皆值得我們深思與警惕。

壹、運用教育以突破環境

　　教育是影響社會發展最為重要的機能，就現代化的意義而言，雖然各個國家的解釋有所不同；但是都有一個共同的認知：以教育的改進及普及，達成社會現代化的目的。這是各個國家皆重視教育的原因，其內涵區分為：

表 17-1　教育對社會的功能

項目	內涵
工藝及經濟的進步	學校教育兒童各種特別技能，包括手藝、科學、理家及休閒方面的技能。在這些技能中，學校幫助個人賺錢維生，並且培養個人改變職業結構的能力。
人民及社會的素養	民眾養成了正確的社會觀念，採用了社會行為規範，並且歸屬於認同的觀念與團體。教育協助選擇並訓練文化的維護者、創造者、及統治者。

項目	內涵
教育維護 社會制度	文學、藝術、法律、及科學。年輕人學習重整智慧制度，以促進物質與非物質性的現代化。同時，學校也加強教育制度本身。
國家行政 作為達成	教育具有重要的政治目的。學生在其教化之中，學習社會習慣及接受社會規範。學校協助培育社會英才，授以領導技能。

（資料來源：作者整理）

　　教育，目的是要培養學生自我發展的能力，除了訓練其基礎能力外，應協助學生拓寬視野，開展美善人格，以適應社會變遷，達成個人理想的生涯規劃；換句話說，是培養專業科技知能之外，還得具有「通天人之際，達古今之變」的人文素養，兼具本土關懷與國際視野的宏觀氣度，以作為「正德、利用、厚生」濟世救人基礎的全人教育。

　　當檢視我們社會推動教育改革十餘年後，目睹實況與成效，學者特別提及「借鑑芬蘭經驗」，「芬蘭，目前被評為全世界競爭力第一的國家。芬蘭怎麼做？答案是投資及改善教育，且成功的轉型為知識經濟。近年來，芬蘭的教育改革一直被當作模範國家。芬蘭在 OECD（經濟合作發展組織）的四十一個國家國際學生評比中仍名列前茅，不但教育第一，其他方面的表現也極優異，如：老師不作考試競爭、不批評學生；若學生學不好，老師會檢討教學方法，而不是怪學生不學習。國際競爭力掄冠全球，政治透明度高。教育資源廣及於接受者，沒有小孩因為成績不好而被老師討厭，反而得到更多的照顧，資源是給表現差的學校，不是給表現好的，這種關懷且扶弱精神，使他們的學生表現並不因家庭背景或經濟因素而有差異。分析其成功的經驗為：

表 17-2　芬蘭的教育改革的經驗

項目	內涵
以學生 學習為本	芬蘭教育有感於要應付多元的新世界，因此改為平等教育，尊重學生的自主權，每個學生自訂學習計畫及目標，學生不必在同一時間做同樣的事。
重視自主 學習	芬蘭培養小孩如何安排時間，這是養成學生負責態度的重要因素。因此，芬蘭學生是因學習樂趣去上學。
培養對 自己負責	芬蘭從幼兒班就讓小孩給自己打成績，決定給自己笑臉還是哭臉，如此是對自己負責。老師重視的是孩子是否建立自己的學習方法。

項目	內涵
機會均等的教育	芬蘭教育不崇尚個人英雄主義，但是每個人依然是獨立而特殊的。因為如果社會上每個人在做相同的事，總效益自然會降低，甚至因為競爭造成惡性循環。
重視思考的培育	重視獨立思考能力，同時也促進個人潛能的發揮。從小學開始，就非常重視團體活動與討論，凡事都必須經過成員充分表達意見，一旦做出決議，就不可任意更改。著眼教育的中心價值是：服務人群，這與傳統的宗教責任信仰有關。

（資料來源：作者整理）

芬蘭的大學不追求進入全球排名百大，可是認為教育素質平均，提供公平教育環境，比僅有一、二所明星大學重要，所講求的卻是每個大學都應有嚴謹的教育水準，並維持通才教育的平衡公平和水平。芬蘭的教育，用遠見主導思想，讓歷史和地理給予它們的限制，翻轉成了新的契機和發展，深值得我們借鏡。

貳、現代社會的道德教育

一個國家的發展，尤其像臺灣這樣一個自然資源不足的國家，最重要的就是人力的素質。而人力的素質不僅要具備生產的能力（productivity），全體國民基本素養的提升更是根本的因素。這數十年來升學壓力的沉重逐漸侵蝕了優良的國民基本素養，學術、知識、技能也許提升了，但國民的整體素養卻沉淪了，這才是臺灣教育的真正隱憂。社會學家吉登斯（Anthony Giddens）認為，現代社會正處於劇烈變遷的狀態。不同於後現代主義者宣稱「現代性的終結」，Giddens 稱此一變遷狀態為現代性的激進化（radicalization of modernity）。根據 Giddens 的社會理論觀點，現代性的激進化已經對人類行動的知識技能（knowledge ability）造成相當大的衝擊。不管是在日常生活中進行什麼樣的社會活動，人類皆需要能夠掌握與運用特定的知識與技術。這些行動綜合要件也就是所謂的知識技能。知識技能的重要性在於，它是每個人過生活的實用知識技能，使日常生活能夠順利的運

行，因而提供個人生存的安全感（ontological security）；相反地，若是這些知識技能出了差錯，將會為個人帶來存在的焦慮感（existential anxiety）。今日科技（尤其是生化、電信、資訊領域）的日新月異，新的社會制度（例如教育改革、推行健保）的引進等，這些變革都會對現代人既有的知識技能產生衝擊，挑戰原有知識技能的適用性。處於此種社會型態人際之間的互賴性越高，相對的道德的規範也受到更多的強調。

教育改革是希望能透過課程的改革，達到落實全人教育的目標，新課程的理想崇高，但其是否能落實，關鍵還是在能否建置一個可以落實課程的環境。促成教育的基本任務，是提升國民素質，因為道德問題從來就是人的問題之根本，道德的思考是思考的核心，也是教育中的重要環節。西方先進社會在大學通識教育裡，道德推理（Moral Reasoning）為核心課程及主要的學習目標。隨著教育理論之不斷發展，對於道德教育已逐漸由傳統學科或學校教育朝向活動或課堂以外之延伸教育，是以道德教育已廣為使用在許多正式和非正式學習活動中。而各類的社團活動，或富有教育意義的各類營隊活動便成為陶冶學生、寓教於樂的課程活動之一，課程是學校為了以團體思考和行動方式訓練孩子和青年而所設計之潛在性經驗。課程則分成學習方案、經驗方案、服務方案和潛在性課程。由此來看，學校以外的非正式活動和學科以外之潛在性課程便成為規範學習不可或缺之一環。道德在教育中不僅是「薰陶教化」，而是人要成為一個人，社會要成為社會，甚至自由民主得以落實的根本前提。道德教育強調是生命意義的探索，是一種系統性的人文思考。諸如文明的定義、自由民主的前提等涉及價值的問題，以達成全人（Universal Man）的目標。若非如斯，則易衍生：法律教育遂淪為訟棍教育；財經教育成了各式各樣的賺錢機器，對職場倫理和企業倫理完全無所置喙，一堆科系在這種一知半解自以為是變成了積非成是，不但教育達不到全人培育，甚至於連道德的最低限度的要求也一併被忽略。近代西方由於時代變遷，價值重建，道德及倫理學的地位日益提高。美國的企業界從最高的大老闆組織「企業圓桌會議」到大公司的員工訓練，有關企業倫理的課程或演講，都是主要重點，各著名大學的倫理及道德哲學教授也都一個個

成了講座，這種趨勢企業即稱為「回到根本」，足見倫理道德教育對現代社會的重要性。

叁、教育興革與社會文化

在現代社會中，教育能夠修正及改變社會階級結構，形成更加自由及平等的社會。現在已非個人社會地位決定其教育成就，而應是個人的教育成就決定其社會地位。個人接受良好的教育，具有優異的教育成就，可能謀得較好的工作，對於社會的貢獻較大，社會地位自然提高；反之，則社會地位必然降低。如此，教育能夠促成社會流動的現象，使舊有的社會階級結構為之改變。

社會變遷是一種客觀的社會事實，在變遷的過程中，教育一方面在反映變遷的情況，另一方面則在導引變遷的方向。歸納而言，社會變遷與教育之間，存在三種關係：第一、教育反映社會變遷的事實，例如技術進步，改變職業結構，職業教育制度便隨之變換。第二、教育成為社會變遷的主要原因，例如每一國家均實現特別的教育目的，以改變社會現貌。第三、教育也可能是促成社會變遷的一種條件，例如為了達成經濟發展的目的，一個社會必從事多種教育改革；這些教育改革的直接目的，雖然促進經濟發展，卻能間接造成經濟發展所獲致之社會變遷，如此教育便成為促進某種社會變遷的條件。

教育的對象是人，教育的主要本質是人本的教育，而教育最重要的目標是使學生能在現代社會中快樂的生活、快樂的工作。然而因受到升學主義及功利主義的影響，中小學教育的主要目標已轉移成為升學作準備，生活所需具備的基本素養已不再是重點，大專教育僅重視工作專業技能的培育，通識教育也僅是形式而已。在這樣的教育思潮下，做人處世的道理已不再是教育的重點，國民的基本素養也日漸低落，如果不能及早因應，社會的危機遲早要來臨。許多人不禁要問，為什麼多元入學方案反而讓學生在廢除聯考後，又被更沉重的升學壓力禁錮，為了應付推甄入學，除了課後的英數理化

補習，還有人假日補習籃球。一些學校每月改選班長及幹部，學生爭著當空殼社團的幹部，為的是讓學生有社團及服務表現以利升學，完全本末倒置。原本的教育改革是為解除學生壓力，讓孩子有一個快樂的學習歷程，卻成為更長期的折磨。為什麼自國外引進的教育體制，竟變成學生的夢魘，家長的負擔？

　　二十年前，國內掀起了一波大規模的教育改革運動，希望能藉由教育的鬆綁，發展適才適性教育，暢通升學管道，提升教育品質，以及建立終身學習社會等方面，來紓解學生的升學壓力，達到活化臺灣教育的目的。而大學教育位在學術的頂峰，引領各學門領域之發展，對於社會及國家的競爭力影響深遠。是以，大學必須因應大環境的變遷，進行體質之更新，才能營造良好之學術環境，激發知識之勃興與創新，達成與產業之間最後一哩連結以接軌國際的目標。近十年來，國內教育生態急劇變遷，包括大學數目擴增、大學錄取率攀升、教育經費下滑、少子化等，不僅衝擊著傳統大學的定位，亦使得大學辦學日益困難。在歷經教改下，大學及學院數量不斷地擴張，由九十六學年七十八所增至一〇六學年一百五十八所。隨著高等教育的快速擴張，大學招收學生平均素質日益降低，實乃影響國家的發展至深且鉅。

　　聯考因行之有年，其錯綜複雜的糾葛已形成一種文化，譬如學生爭明星學校，學校搶優秀學生的心態，又如學生及家長斤斤計較的心態，學生只準備考試會考的科目，拒絕其他學習，學生只會作測驗卷，不會利用圖書找資料整理資料，學校的圖書館形成空洞的倉庫等等，這些都是因為聯考帶來的弊端。如果教育改革沒有整套的措施，未能思考社會文化的特質，則單憑多元入學方案要來取代高中職聯考，將無法有效而且全面的解決問題，反而帶來更多的問題。

　　由於一路追趕升學主義，競逐明星學校，致使教育的核心價值未能彰顯，老師、家長和學生往往忽略了志趣才是生涯最重要的選項，多數人在乎的是志願選填技巧，如何才能以既有的成績換取排行最好的學校；加以基於學費的考量，盡以「國立優於私立」為主要原則，也可能喪失了自我生涯發展的機會。在志趣的考量不能主導生涯發展的情況下，很可能埋沒了一個具

有某方面潛力者，甚至造成無法媒合於產業發展的失業人口。教育改革的目標，不僅是針對聯考制度的弊端所進行的改造，以避免學生深陷於升學主義的壓力下；也是讓教育回歸正途，讓青少年擁有青春亮麗的生命，讓學生自惡補的泥淖中解放出來，讓長期的表現取代一試定終身，讓多元評量取代智育為尊。然而，如何以更好的制度取代聯招，卻非一蹴可幾。臺灣的升學主義傳統依舊根深蒂固，難以改變。是以，對於新世代的孩子來說，似乎未曾告別父母親時代所受的升學壓力，反而是承載了更多的負荷和期許。呈現近視的年齡提早、近視的人數變多；書包設計得更大、裝得更多、背起來更重；補習的科目變多、補習的時間更長，凡此種種，均是升學主義作祟的結果，不只讓升學主義的馬拉松提早開跑，更貽誤了教育正向的發展。

檢視我們社會由於普遍存在的「學歷至上」、「文憑第一」的風氣，於是既有的聯招制度或是行將全面實施的多元入學方案，皆成為每個升學同學的最大噩夢。是以，雖然推甄制度的設計是有意要解除現在的聯招考試對升學壓力的魔咒，但我們幾可以確認，如果「士大夫觀念」依舊存在，「萬般皆下品唯有讀書高」依然唯尚，則升學制度的改革將不易奏效。誠然，標舉多元化入學管道雖然是讓大家都有受教圓夢的可能。但是，當進大學變得如此地輕而易舉甚至是唾手可得時，轉而出現的則是朝著排名前面的幾所明星學校，做難度更高的入學競爭，因此，「免試升高中」或是「十二年國教」就不應該只是淪為一種解決有無入學機會的絕對性剝奪問題，而是要深層思索不同成長背景學生彼此落差的相對性剝奪，是否有隨之加速擴散、惡化，特別是整體國家的競爭能力。因此教育再怎麼改，學生的壓力永遠存在，家長的期待將難於避免，而「快樂學習」只是一種遙不可及的憧憬。

多元入學只是教育改革的方案之一，目前所遇及的各種困難，其實是社會改革過程中，必然會面對的。由於社會制度的推行必定與整體社會文化息息相關，是以社會改造自然宜考量社會文化與人心特質，否則易為事倍功半。在一路追趕升學主義下，可能錯置部分人才學用之配對，也讓我們的孩子生活在永無止境的煎熬中，未來必須重視個人需求導向的生涯發展，才能使得教育不要有遺珠之憾，同時要讓人人有機會成為多元明星。因此，當我

們皆有不能再重回聯考老路子的想法時，更不能讓孩子再陷入僵化教育的泥淖，唯有以更全面的改革，更深化的從學生、家長、教師、到教育體制及社會文化的整體改造，而且探討現行聯招的文化機制，去做配套解決的工夫，才能走出升學主義的深淵，使教育改革所追求的目標克竟全功。

肆、終身教育與社會發展

　　教育之目的以培養人民健全人格、民主素養、法治觀念、人文涵養、強健體魄及思考、判斷與創造能力，使其成為具有國家意識與國際視野之現代國民。本質上，教育是開展學生潛能、培養學生適應與改善生活環境的歷程。因此，跨世紀的九年一貫新課程應該培養具備人本情懷、統整能力、民主素養、鄉土與國際意識，以及能進行終身學習之健全國民。一個人一生的發展，受到家庭、同儕團體、學校、政治團體、宗教團體、職業團體、大眾傳播工具等的影響，形成自我觀念及人格特徵。就某一種觀點言，各類社會團體都具有「教育」作用，不過除了學校之外，這類教育活動都是非正式的。由於工業化及都市化的效應，造成社會高度的人際疏離，一般人的生活極少以社區為重心，造成如犯罪、脫序、冷漠等現代居民症候群；若從貧窮到富裕，從落後到現代化，並不是一蹴可幾的。經濟發展是漸進與緩慢的。長期發展包括很多短期步驟。一方面所得增加，教育程度也隨之增高。但是彼此相互影響，因為如果沒有健全的訓練，所得的增加就要停止。

　　隨著知識的快速推陳出新，人們面對科技帶來的衝擊越是明顯，以往僅憑著學校教育所提供個人一生適應環境所需求的知識，早已不足以因應急驟社會的需要。面對新的挑戰、新的情境、新的資訊，人們必須有隨時吸收新知的作為。因此教育必須做根本性的變革，讓教育體制成為一個學習性組織，達到時時提供民眾需求，處處滿足民眾求知，這就是終身教育的主要理念。此種學習型態包含了：成年教育、技能教育、推廣教育、婦女學苑、長青學苑等，經由社區居民共同參與，不分年齡、性別、資歷，只要有興趣或需要，即使是五、六十歲人，也可申請入學就讀。終身學習主要目的是在開

發個人潛力，以接受新式知識，創造充實生活；此外，該學習型態亦可與社區團體共同合作，針對如：失業者、年長者、單親者等特殊對象，以提供最佳的學習環境。

知識的爆炸及知識半衰期的縮短促成了終身學習社會的產生，生活或工作所需的智能已不再是獲得最後一張文憑之前可以學習完成的，「時時學習、處處學習」，「活到老學到老」已不再是口號，而是日常生活的準則。在學校固然需要學習生活或工作所需的智能，然而學習「如何學習」可能比學習知識與技能本身更重要。如何尋覓適當的學習管道？如何利用各種管道有效學習？如何確定自己最適宜的學習方式？如何利用圖書館、網路學習？如何管理時間有效學習？凡此種種，都是重要的學習技能，是終身學習社會中不可或缺的技能。為了達到民眾終身教育的目標，宜做到學校資源社區化，促使學校成為社區民眾終身學習的場所，其理由係考量：

表 17-3　學校成為社區民眾終身學習的場所的考量

項目	內涵
學校普遍地設置於社區	以全國各級學校散布在各個角落，加以學校已有健全的師資、設施、教材，就其普遍性而言，自然易於快速、便捷地滿足社區居民終身學習的需求。
落實社區共同體的理念	能妥慎運用學校資源結合社區居民，將可有效增加民眾的互動與情感，形成強固的社區意識。
有效掌握社區居民需求	學校與社區相結合，能有效掌握社區居民的需求和社區的特色，不僅有助於繁榮地方，且可培育社區建設人才。
社區有充分的人力資源	社區有充分的人力資源，可與學校相互配合，以發揮教育的效果；由於社區中擁有如高齡退休者、婦女、志工等，皆可以與學校相結合，成為學校推動終身教育的助力。

（資料來源：作者整理）

隨著知識世紀的來臨，成功的保證，不再是權勢和財富的累積，而是擁有學習知識的能力，因此能夠不斷接受新知的民眾，將是既來社會的翹楚。隨著生活型態的改變，人們可供運用的閒暇時間日益增加，如能有效推動學校資源社區化的構想，將學校資源與社區民眾的學習需求相結合，使得終身

教育的作為能注入日常生活中，當能促使國人擁有真正高品質的生活，並建立一個知書達禮、勤而好學的社會，這也將是我們再次創造臺灣奇蹟的最佳資源。

結語

　　全球化是新世紀人類無可抗拒的課題，不論在政治、經濟、教育及文化方面，各國是既競爭且合作的關係。由於時空的無阻隔，人物、物流、金流、資訊快速流動，形成「時間緊密的地球」，加上知識經濟時代的催化，知識成為區隔強國與弱國、核心與邊陲之鴻溝，知識激發、創新和應用的重要性可見一斑。為了因應全球化後，世界已連成一張緊密的學習網，以及配合知識經濟的發展，產業快速更新，和知識半衰期的縮短，教育必須積極進行調整和創新，才能擺脫磁吸和免於被淘汰的命運。是以，一九九六歐洲終身學習年白皮書就指出：「未來的社會是學習社會。在這方面，教育體系中的教師及其他社會參與者應扮演重要的角色。教育與訓練是個人自覺、歸屬感形成、自我改進及自我實現的主要管道。個人得自正規教育、在職教育或非正規教育管道的學習，都是決定自己前進與未來發展的關鍵因素。」

　　現代社會應該是一個學習社會。推展終身學習的社會，不僅能夠重建社會的價值，而且可以解決目前的教育問題。學習社會的建立，將成為延續富裕、科技、資訊、開放與開發社會的基礎。就教育制度的興革而言，現代社會宜強調：從學前兒童到高齡者，形成繼續性的教育過程。在橫的方面，它包括正規、非正規及非正式的教育活動。在縱的方面，它涵蓋家庭、學校、社會三種教育活動。對學習主體而言，它提供每個人隨時隨地均可學習的教育體系。終身學習蘊含對學習主體的尊重，提供所有學習者一生學習的機會，強調全人的發展，重視個人自由，使教育成為一種生活，擴展人生的意義與目標。

第十八章　終身學習

前言

　　現代化社會的建構來自於社會發展的原動力，其內容則係一般民眾及該社群普遍具備下述特質，方能促使社會發展達成人類期待的方向：

　　第一、能擁有強烈的向上意願。

　　第二、優良且建全的國民素質。

　　第三、國民具高度的成就動機。

　　第四、適當選擇社會發展策略。

　　第五、具體擬定社會發展計畫。

　　這些特質均有賴教育的啟沃而達成，正如波普爾（K. Popper）所言：「假如物資型態的技術系統毀滅了，而精神型態的知識系統和人的學習能力還保留著，則仍然可以重建人類文明。」近年來「教育提升」的理念，在社會各界的共同參與和期盼下，正熱切的推動著：回流教育、終身教育、普設社區學院、推動在職進修等等，所形成的「終身教育」帶給國家的是提升二十一世紀的嶄新風貌，帶給民眾的是未來的希望。

壹、終身教育的意義

　　「現代社會資訊發達，知識領域不斷擴充，學校教育不足以提供個人終身的需要。個人在各種環境及機構中學習，各種型態的學習與學校教育相互統整。終身學習的理念認為，經由自發而有意識的選擇學習機會與方式，可使個人在急速變遷的社會中，不僅具備適應環境的能力，且能充分發展潛能和促成自我實現。」終身學習主要是在強調學習是終身的事，不

僅在學校中學習，工作中學習，到老退休後仍要繼續學習，因為學海無涯，想要豐富自己的人生，過更有意義的生活，就要善用時間，透過各種管道來做學習。

終身（life-long）的字義，為「延續一生」（lasting during one's whole life）及「從生到死」（period between birth and death）的意思。「終身」為「人之一生」。「終身學習」乃是指「終其一生不斷學習」，終身學習的理念從二十世紀二〇年代就受到重視。一九九六年聯合國教科文組織報告書《學習：內在的財富》，也強調繼續教育在二十一世紀中的重要性。能夠落實終身學習的人具有以下的特質：

一、具有終身學習的理念作為。

二、具備終身學習的人格特質。

三、具有獨立及自我學習能力。

四、能夠參與各種形式的學習。

終身學習的旨趣是在使每一個人在人生的每一個階段，都有適合其需要的教育機會，在縱向而言，包括家庭教育、學校教育與社會教育的銜接，在橫向而言，是正規教育、在職教育與非正式教育的協調。

貳、終身教育的目標

隨著新世紀的來臨，國際間的動態競爭勢必愈演愈烈。無論先進國家，或開發中國家，均致力於經濟環境的改善與人力素質的提升。正如，一九九六年聯合國科教文組織（UNESCO）所強調的：未來人類要能適應社會發展，需要進行四項基本的學習：學會認知，學會做事，學會相處，學會發展。邁向開發國家的主要挑戰，在於是不是能夠提高人力素質，國家競爭的動力，來自於人力素質的不斷提高，透過個人不斷的學習，可以持續獲得新知識，學習新技能，建立新觀念，激發新潛能，使全人得到圓滿的發展。而人力素質的持續提高，則有賴於教育機會充分而永續的提供。推動以終身教育為主體的教育，用以提升生活品質，並適應多元化生活的需求；亦即將「個人、

生活、志業」作有效的統合，以發揮人的潛能。因此，在回應此種情景下，「終身學習」成為教育發展對應社會變遷的主要目標。

邁向現代化社會的主要挑戰，在於能夠提高人力素質，而人力素質的持續提高，則有賴於教育機會充分而永續的提供。因此，這項「希望工程」考量個人志業發展的需要，以建立學習社會，代替以學校教育為唯一學習管道的教育體制，是未來社會必然發展趨勢。所期望建立的是：

表 18-1　終身教育的目標

特質	內涵
提升個人生活素養	經濟富裕過程的人文關懷，最基本的就是要提供國民均等的教育機會及全人發展的理想環境，來幫助每一個人開發其最大的潛能，實現其人生的理想。
隨時提供教育機會	學校教育在每個國民的學習歷程中，雖然扮演最重要的角色，卻只能幫助個人完成人生全程中階段性的學習，並不等同於終身教育。推展終身教育，即建立起廣泛學習的社會成為積極朝向全面性及前瞻性的發展方向。
能從閉鎖朝向開放	民眾受教育的機會完全取決於能力，一個有能力者、勤奮者和學業成績優良者，即有接受教育的機會，而不受其出生地位、社會階級、性別和種族的影響。在富裕社會、資訊社會、開放社會及開發社會來臨之後，世界上進步的國家紛紛邁向學習社會。

（資料來源：作者整理）

隨著經濟生活富裕之後，人們將尋求精神的充實與全人的發展。充實精神與發展全人的最佳途徑是學習。教育不應侷限於短暫的時間，而應該實施「終身教育」的理念。建立學習社會是教育的願景，也是社會發展的理想，其目的在求個人自由而有尊嚴的成長，社會多元而有秩序的進步。學習社會不僅是社會的產物，同時也是引導個人成長的必要途徑。

叁、終身教育的目的

面臨一個嶄新的世紀，未來人類社會變遷及進步的步伐，只會繼續加速。在變動快速的新世紀來臨之前，這些衝擊使進步國家覺察到，國民的知

識技能水準及自我修養能力，將成為個人潛能發展及自我實現的條件，也是社會繼續發展的關鍵因素，更是衡量國家競爭力的重要指標。

　　未來人類社會變遷的步伐將會繼續加速，先進國家已經面臨嶄新發展趨勢：

表 18-2　先進國家已經面臨嶄新發展趨勢

趨勢	內涵
資訊科技影響社會互動	資訊科技帶來生活的充實，使個人不斷的開發潛能，達成自我的實現；同時新科技也提供人們應用於生活及行動的指引，也是個人生存的條件。
終身學習趨勢已經形成	由於社會變遷時距的縮短，教育的作用，無論是在生活、工作或個人的發展上，均比過去扮演更重要的角色，發揮更積極的功能。
科技知識快速影響生活	隨著經濟全球化進程加快和知識社會時代的到來，社會和民眾對教育的需求越來越高，使個人必須不斷的更新知識。
人文素養及關懷待加強	國民的知識技能及教育涵養，將成為個人潛能發展及自我實現的條件，也是社會繼續發展的關鍵因素，更是衡量國家競爭力的重要指標。

（資料來源：作者整理）

　　教育不僅是國家主權的一部分，還是現代化的象徵。教育水準與社會發展密切相關。從貧窮到富裕，從落後到現代化，並不是一蹴可幾的。教育已經成為政治、經濟、社會、及文化趨向現代化的制度性工具。面對教育不僅對應社會需求及環境變遷，並且也啟蒙人類良知引導時代推進的歷史使命。

肆、終身教育的重要

　　教育具有很多的功能，社會常常獲得很多進步，長久以來，人類以學校教育來提供個人一生所需要的知能，人生的學習活動終止於學校。但自科技發展以來，此種前端結束（front-ended）的教育型態，已不能因應當前社會情況的需要。這些衝擊使個人與社會關係日益密切，同時終身教育的主要目的，是使所有的人都能夠獲得適當的生活水準。

表 18-3　終身教育的實施

特質	內涵
工藝技術	知識是人類進步的泉源和標誌,從運用簡單的傳統技術轉而應用科學知識,文明的階梯是用知識鋪砌而成的。
農業生產	新興國家的農業專家需要由健全的教育機制培養,以協助從自給自足的耕作轉為農產物的商業生產。
產業品質	從人力及動物力的運用轉而應用機器的力量,由農莊鄉村漸漸趨向都市化,包括手藝、科學、持家及職業方面的技能,在這些技能中,學校幫助個人維生,並且培養個人參與職業的能力。
社會生活	將之與當代生命科技與前瞻性生命科學等領域之研究相結合,從而培養具有人文素養、文化內涵、國際宏觀、批判思考,與倫理關懷的現代公民。

（資料來源：作者整理）

　　自一九七〇年終身教育思潮興起,個人在人生每一個階段都需要學習,此種教育思想改變了傳統的教育觀念。終身教育是社會發展的關鍵,「發展」包括政治成熟的觀念,也包括民眾教育的普及、文藝的萌芽、建築的繁興、大眾傳播的成長、及休閒生活的充實。在終身學習的社會中,學校教育的主要目的在於培養個人學習的習慣、態度、方法和技巧,教學方法應側重培養個體具有自學的能力;課程應力求與生活、工作結合,教育的場所要擴及整個社會,這才是現代人對應於變遷社會時能保有鮮活能力的良策。

伍、終身教育的作為

　　終身教育是人類進步的關鍵,新興國家的現代化工作能否成功,很受教育制度的影響。教育不是少數人的特權,而是人們隨時得以汲取的社會資源。未來進步的社會必定是強調教育的社會,學習將成為國民生活內涵的重心。與此相對應的是,整個教育的願景中,於範圍上強調「面向的擴展」,於時間上強調「時距的延長」,形成「時時有教育、處處是學校」的目標,使教育學習成為個人與社會發展的重要歷程。

表 18-4　終身教育的內涵

特質	內涵
具有終身學習的正確理念	1. 能了解學習對個人發展的重要。 2. 能了解學習對人力素質的重要。 3. 能了解終身學習的內涵與重點。 4. 了解不同階段的終身學習任務。 5. 能了解終身學習的途徑與方法。 6. 能夠落實終身學習的發展趨勢。
具備終身學習的人格特質	1. 能夠獨立的從事學習活動。 2. 具有內控自律的學習動機。 3. 在學習中能不斷自我反饋。 4. 能夠彈性的安排學習歷程。 5. 有較高的學習挫折容忍力。 6. 有較強的自我實現企圖心。
具有獨立及自我學習能力	1. 具有了解自我學習需求的能力。 2. 有了解及分析自我能力的能力。 3. 有獨立蒐集及運用資料的能力。 4. 具有尋求廣泛學習資源的能力。 5. 具有能與他人合作學習的能力。 6. 能對學習進行自我評鑑的能力。
能自動參與各種學習活動	1. 能自動參與增進職業知能的學習或進修活動。 2. 能自動參與提升生活知能的學習或進修活動。 3. 能自動參與促進自我成長的學習或進修活動。 4. 能自動參與重視社會關懷的學習或進修活動。

（資料來源：作者整理）

　　為了落實終身教育的作為，英國有「開放大學（Open University）」，美國有「社區學院（Community Collage）」，我國則有「社區大學」、「樂齡大學」，乃至於部分大學校院設置「推廣教育中心」或「終身教育學院」，強調與社區民眾接軌，以符合社會大眾與時俱進的學習。

結語

　　一個國家及民族的進步，不能單用國民生產毛額及平均所得加以衡量。事實上，發展的最後目的是人類的改變，終身教育是人類進入二十一世紀的一把鑰匙，教育不是少數人的特權，而是人們隨時得以汲取的社會資源。未來進步的社會必定是學習的社會，學習將成為國民生活內涵的重心。與此相對應的是，整個教育的願景中，於範圍上強調「面向的擴展」，於時間上強調「時距的延長」，形成「時時有教育、處處是學校」的目標。而此種教育改革的信念，是以人為主體，進行延伸，擴展多元，破除「刻板、侷限、單一」，以期培育「健康、自信、有教養、現代性、未來觀」的新國民，使「教育與個人發展」密切配合，使教育學習成為個人發展的重要歷程。

第十九章　職業陶冶

前言

　　職業的專業化隨著工業化日益突顯，醫生、律師、工程師等行業的從業人員，不但接受專業教育的訓練，同時必須通過特定的考試，獲得專業學會認證的許可，方可對外正式執業。今日專業人員服務的素質及品質，乃依靠專業人員的專業自律維持。然而隨著今日社會競爭日益激烈與公私利益衝突越趨複雜下，專業人員捨棄專業服務信念，違反社會信任付託原則，促使社會大眾警覺到專業道德的重要性，因而重視與重整專業倫理相關問題，不僅應重視專業技術，更應強調社會責任的專業倫理教育。足見，專業倫理與職業生涯的關聯，專業倫理是與每個生命個體相當貼切的學問，指引人們如何在自己的專業領域裡安身立命，亦是取得社會信賴的主要因素。

壹、專門職業的濫觴

　　專門職業（Professions）與工業社會的發展有著密不可分的關係。西方中古世紀，少種行業初具今日專業的雛形，即醫師、律師與神職人員（包括大學教師）。由於中古世紀大學的產生，促使職業人士所受的教育訓練日漸延長且更趨於完備。因職業的關係互相結集，而形成社會知識分子之特殊團體。到了十八世紀，這些專業已完全獲得獨立自主的社會地位。十九世紀，新興出許多中產階級的新行業，如建築師、牙醫師及工程師等。

　　這些新興行業也切望融入主流社會，在仿效醫師或律師團體方式下，逐漸也組織專業的團體。西方自從工業革命以後，科技大幅進步，勞動階級急速產生，知識大量的增加，職業互相競爭越加激烈，各行業為保障其職業的

獨占性、改善職業的社會地位與獲取較高的經濟收入，而逐步走向壟斷性的專業制度。專業倫理對內規範專業人員的專業行為與維持專業的服務品質，對外建立社會大眾對專業的公共信任與維護當事人的最佳權益。

依據威廉斯基（H. Wilensky）的看法，職業的專業化發展有五個發展階段。

表 19-1　職業的專業化發展階段

階段	內涵
專業工作的形成	某一工作的人們，對其工作內容享有自主的管轄權力。
專業教育的設置	培育從事該行業的人士，建立學校與訓練課程。
專業學會的成立	以學會力量共同確立職業服務的目標與職業技能的認定。
尋求政治的保護	要求立法保障其職業的專屬性，並以獲取學會證照保障就業市場的獨占性。
發展專業的倫理	建立專業倫理規範，藉此剔除不合格的從業人員，實現專業的理想。

（資料來源：作者整理）

今日社會大眾所認定的專業人士，除了享有較高的社會地位與職業聲譽外，其收入亦較一般職業為高。今日專業人士（Professional）除接受特定時間的教育與訓練外，所提供的服務內容都是與民眾切身相關的主題。例如醫療服務、法律服務、會計服務、工程服務等。這些專業服務項目都非一般民眾依靠自己本身的知識或能力，可單獨解決。我國對專業人員的定義是「凡從事科學理論研究，應用科學知識以解決經濟、社會、工業、農業、環境等方面問題，及從事物理科學、環境科學、工程、法律、醫學、宗教、商業、新聞、文學、教學、社會服務及藝術表演等專業活動之人員均屬之。本類人員對所從事之業務均須具有專門之知識，通常須受高等教育或專業訓練，或經專業考試及格者。」（葉至誠，2002）「專業倫理」是社會所重視的議題，各個知識領域及各個生活行業都有倫理情境的衝突問題，如何以專業倫理知識基礎對於倫理情境進行分析與生活建議，正是這個課題的處理要點。

貳、專業倫理的要素

專業倫理的內涵是一套系統性的行為規範，其所規範的行為與專業服務密切有關。專業倫理理念的實踐，需透過專業體系的制度建構與專業自律的機制規劃，從倫理教育、倫理守則、倫理委員會、法令規章以至於實務機構與實務人員的倫理工作表現，都是實踐專業倫理之相關學理與實務探討的重點。廣義而言，專業倫理（Professional Ethics）是探討專業環境下，專業的倫理價值、行為規範、專業服務的目的、專業人員與客戶間的關係、專業服務對社會大眾造成的影響。佛依林屈（T. J. Froehlich）針對專業倫理提出三角模式，代表大多數倫理問題約三種面向。此模式是一個三角形，三角的頂角分別是：自我（Self）、組織（Organization）及環境（Environment）。三者之間彼此有互動關係。

「自我」在倫理議題中，必須要對道德難題做出抉擇與行動。在專業環境下，專業人員所要面對的專業倫理來自兩方面。一方面是與雇用機構的關係，包括與雇主的關係及對機構政策服從的程度（自我與機構的關係）。另方面則為社會環境下，專業人員與客戶的關係（自我與環境關係）。前者最大問題在於專業人員與機構利益產生衝突時，涉及公私的專業倫理問題。後者則為如何維持彼此間的信託關係及對客戶應盡的義務等。

「組織」是透過人的運作，在追求組織生存與社會公益兩大目標之下，維繫機構的營運、產品製造或服務社群。組織的自主性是透過行政運作，產生機構的政策或營運的目標而顯現出來。組織的自主性一旦產生，將與員工個人的自主性產生不同程度的緊張度。此緊張度完全視員工對組織批判的程度來決定。員工對於組織的批評若是有助於組織的生存與發展，則此張力是正面的；反之嚴苛、非理性、且不正確的指責，將削弱組織的生存，此張力是負面的效果。

「環境」是指相關的道德規範，包括普遍性的道德標準，與角色相關的倫理規範。普遍性道德規範存在文化之中，深深影響到人類日常思想與行為。這些思想內容包括人與大自然的關係、社會倫理道德、及社會責任等。

由於專業人員是社會一分子，因此應該遵守社會大眾共同遵循的普遍性道德規範；同時此外因從事某行業，所以也該遵守該行業特有的專業倫理。惟在社會大環境下，大眾遵循的普遍性道德規範，也會與專業人員的專業道德規範產生衝突。例如，醫生有時為了使病人願意接受醫療照顧，有時曾善意的隱瞞病情。類似用欺騙手段，達到專業服務的宗旨，乃合乎專業倫理的行為，但確違反一般社會倫理中誠信的原則。

個人身處不同環境，扮演著不同的社會角色，而面對倫理問題時，除了需面對自己倫理價值觀的分辨外，也要考慮來自組織倫理與大環境社會倫理規範的要求。若將上述三角模式更具體化，則今日專業倫理所要研究的主題大致可以區分成四個領域。

表 19-2　專業倫理所要研究的主題區分的領域

因素	內涵	簡例
組織與環境	專業服務的目的，對社會的影響。	學校教育對社會現代化的重要性。
自我與環境	專業人員與服務對象間的關係。	教師對學生的社會人格陶養是有價值。
自我與組織	專業人員在組織的角色問題。	教師在社會中是受到肯定的。

（資料來源：作者整理）

叁、專業倫理的行為

任何一門專業都要有其專業的倫理規範。所謂「專業倫理」的用意是在強調專業團體成員間或與社會其他成員互動時遵守專業的行為規範，藉以發展彼此的關係。專業倫理可被定義為：專業人員實務工作中，根據個人的哲學理念與價值觀、專業倫理守則、服務機構的規定、當事人的福祉，及社會的規範，以做出合理而公正之道德抉擇的系統性方式。其中包含幾個主要的要素，包括專業人員的人生觀、價值系統、專業倫理守則，及法定的規章和政策等。但最重要也最具體的，莫過於專業倫理守則所代表的意義與功能。辛普森（E. Simpson）進一步認為人類道德行為階段性的發展與人類需求（Need）有密切的關聯。顯示出人類的需求（求取生存的需要）是造成人

類行為是否對應道德的主要動力。此或許可以解釋為何戰亂時代，當人的需要已降到最低階段時（求取生理溫飽的需求），對應的道德行為也是最低層次。因而「亂世用重典」，法律即成為維持社會秩序最佳的法寶。

布門（M. Bommer）等針對人類道德行為決策，提出六個主要因素：

表 19-3　人類道德行為決策主要因素

因素	內涵
社會環境	社會環境（Social Environment）因素特指一套大家共享的人文、信仰、文化與社會價值觀所建構的大環境，這些價值觀是大家所熟知並且有濃厚的利他性質。
法律環境	法律環境（Legal Environment）：由於法律條文具有高度的強制性，因此其所構成的價值觀可以很直接而快速的影響人民的思維與行為。特別是當法律配合政府行政權澈底執行時，對於個體的決策產生特定的影響力。由於法律是一種對個體外加的約束行為，因此需要執法人員的監督執行。執法人員一旦不存在，法律對於個體的約束力也將隨之減弱。由於法律的目的是消極的防堵犯罪，因此法律在倫理決策的積極面上並無明顯的效力。
專業環境	專業環境（Professional Environment）：專業常是透過專門學會與證照制度的實施，以維護該行業特有的權利，專業學會或證照制度在監督與確保專業品質，具有相當的貢獻。
工作環境	工作環境（Work Environment）中包括公司目標、政策與公司文化等因素。三者在職場中，也常發生彼此互相影響的情況。公司文化常是反映在職場文化中的管理態度、價值、管理型態與解決問題的方式。
個人環境	個人環境（Personal Environment）方面包括家庭與同事兩個因素。家庭與同儕壓力對於個體的倫理決策也具有相當的影響因素。例如醫師收受紅包的現象，除了個人立場問題外，也包括同儕壓力。
個人品性	個人品性（Individual Attribute）：其中包括個人的道德層次、個人的目標、動機、社經地位、自我概念（Self Concept）、生活期望、個性與人口變數等。以上這些因素深深影響到，個人倫理與非倫理事務的判斷。個人的道德品性很高，其行為的決策相對也較重視倫理。

（資料來源：作者整理）

以上六項決策要素中，第一項社會環境與第二項法律環境是屬於社會大環境的變因；第三項專業環境與第四項工作環境是組織的變因；第五項個人環境與第六項個人品性則是個人的變因。在決策過程中，各個變因具有不

同的影響力。個體在經過資訊收集、處理、認知與價值評估之後，考量可能產生的結果，最後才決定是否採取道德的行為。因此，若從個人行為的結果，推論事件的決策過程時，將發現其背後的倫理因素相當複雜。

肆、專業倫理的守則

　　倫理守則是由專業團體，依據專業精神與專業道德所訂立的書面文件。倫理守則的內容，都是一些原則性的專業規範，文字清晰簡短具鼓勵性。專業倫理包括專業的特殊性以及限制性，特殊性說明專業知識使用項目，限制性說明專業知識使用範圍的限制，在專業倫理課題上，限制性是相當重要的專業倫理課題，因為它規範了專業人士作為情境掌握者的專斷範疇，逾越專業領域的事務即不應是專業人士專斷的事務了。是以，法蘭克（M. Frankel）認為倫理守則可以分成三種形式：

表 19-4　專業倫理守則可以分成三種形式

形式	內涵
鼓勵性（Aspirational）	揭示一種崇高的道德理想，鼓勵大家去努力遵循。
教育性（Educational）	對道德的標準是採最基本的方式，作解釋性的敘述。
取締性（Regulatory）	對應遵守的規範有詳細的敘述，並對違反者有一定的裁決。

（資料來源：作者整理）

　　專業倫理守則，基本上是有以下幾項功能：

表 19-5　專業倫理守則具有的功能

功能	內涵
鼓勵目的	鼓勵專業人員的服務行為能符合專業道德規範。
提醒目的	提醒專業人員能意識到工作中倫理的問題。
規範目的	提供機構制定機構倫理政策或行為操守的參考。
建議目的	提供專業人員對複雜的專業倫理問題決策時，建議性的參考。
告知功能	隨時提醒客戶與專業人員，專業服務中該為與不該為的基本原則。

功能	內涵
指引功能	專業人員從事專業服務時，若面臨到服務的道德難題（特別是關於利益衝突的道德問題），專業倫理守則可以提供參考與指引。
宣示功能	學會將專業倫理守則向公眾宣示，使大眾明瞭專業服務的宗旨與精神。
象徵功能	專業倫理守則顯示專業對社會的責任，有助於專業化形象的提升及會員對於自身角色的認同。
契約功能	專業倫理守則等於是專業向社會大眾簽署的一份服務契約書，保證專業服務的品質與責任。因此，專業倫理守則有助於專業信譽提升及贏取公眾的信賴。
形象功能	專業倫理守則有助於專業免受大眾對專業的偏見與誤解。
預防功能	專業倫理守則是所有專業人員應共同遵守的道德規範。因此，藉由引發個人道德良心與同儕的道德譴責力量，有助於預防專業人員不道德行為的產生。
保護功能	專業倫理守則方可作為拒絕客戶不合理服務要求的擋箭牌。
裁決功能	專業倫理守則可用於解決專業人員間，或專業人員與客戶間爭端裁判的依據。換言之，當爭端發生時，專業倫理守則可提供一個較客觀而原則性處理基礎。

（資料來源：作者整理）

　　專業倫理是變動的、相對的、文化敏感的與情境敏感的，社會的變遷、專業的發展與法令的修訂都會對專業倫理產生互動的影響，因此，持續的發展與修正是必要的、也是常態的，尤其在今日專業服務日趨複雜化之下，專業如何建立其專業形象與向大眾溝通專業的內涵，已是今日專業努力推廣的議題。因而使社會大眾了解專業的服務精神是絕對必要的。倫理守則不但標榜專業的精神，亦加強社會大眾對專業的信任。專業倫理守則的專業功能與角色具體反映出專業倫理的重要性，而表現在四大重要層面上：

表 19-6　專業倫理的重要性

項目	內涵
提供規範	規範諮商員的專業能力、資格及行為。
提供指導	提供諮商員從事實務工作行為時的參考。
提供保護	首在保護當事人的權益，其次在保護社會大眾的權益，再其次是諮商整體專業的權益，最後是保護專業成員的權益。
提供信任	當事人信任專業人員，社會大眾信任專業人員，專業服務的自主性得到尊重，整體專業的專業性得到認可。

（資料來源：作者整理）

　　「專業倫理」議題是與專業職業工作結合的，專業倫理守則產生的方式，約有三種不同的途徑。第一種是根據傳統重要的歷史文件整理而成；第二種是根據某一權威人士的規定；第三種是由學會的委員會共同制定完成公布。美國科學促進學會（American Association for the Advancement of Science，簡稱 AAAS）曾提出十五項發展與制定專業倫理守則的建議。這十五項建議分別是：

表 19-7　發展與制定專業倫理守則的建議

項目	內涵
專業角色	有計畫且積極推廣專業倫理的活動，使會員成為有道德感的專業人員，並協助解決專業的衝突，以使會員在專業領域上能扮演成功的專業角色。
基本價值	找出專業的倫理基本規範與共享的倫理價值，並將專業倫理規範與價值中，具備「善」的本質顯示出來。學會除應闡明倫理價值的「善」，對於專業工作的重要性外，也應藉由會議及專著不斷闡釋其意義，並鼓勵會員討論與宣揚。
倫理原則	區分倫理原則（Principles）與規則（Rules）的差別。當專業人員執行專業服務中，若在應用專業倫理的原則上產生衝突時，學會可採取訂定規則方式（亦即倫理守則），解決紛爭。行為規則除了作為專業人員行為抉擇的參考外，另方面方可作為會員行為的共同標準，以防堵濫用倫理原則當作失職行為的藉口。
行為規則	制定專業行為的規則（即倫理守則）。此規則應易於為會員及客戶所理解，同時會員應該有機會認識且熟知學會的行為規則，並向社會大眾宣傳專業行為規則的內涵。萬一產生服務衝突時，行為規則方可作為雙方面溝通的基礎。
申訴管道	除應制定專業倫理守則外，還應設立申訴處理管道。在必要時應該對非專業行為提出道德譴責或行動，以向社會大眾展現學會對道德的重視。
諮詢指引	當專業服務在保障社會大眾健康或安全議題上，與任職機關政策產生衝突時，應該對此提出處理的規則或方式，提供必要的諮詢與指引，甚至必要的法律或財務的協助。
公正客觀	公正客觀地正視專業內外部，由個人或群體所引發非專業行為的嚴重主張。同時應制定政策，以對類似事件採取必要的蒐證工作，作為未來裁決事件或強制性行動的依據。
定期審視	定期審視會員服務工作中，重要的道德價值觀。由於價值常隨社會變化，而迅速改變。應定期注意社會改變，確認出新發展趨勢與潛在的衝突。學會專業期刊或會訊，應鼓勵會員隨時注意倫理相關的議題，或個人實際發生的個案。

項目	內涵
調查報告	針對學會專業倫理的現況，定期出版調查報告。報告內容應該包括學會倫理活動的資訊、從事活動的會員動態、申訴案件的處理、或倫理難題解答等。
道德紀律	舉辦專業倫理活動，以提醒會員注意道德與紀律的底線。為促進倫理活動進行，應在各委員會設置一位負責人，負責宣導專業倫理。
雙向溝通	讓公私單位的客戶代表，有機會表達他們對會員的關心。學會應為此建立具體可行的意見交換管道，例如年會會議中設一公開討論的園地。而採用證照制度的學會，可邀請社會大眾代表，協助審核證照委員會成員的資格。
價值差異	面對多重組織價值觀的差異，常造成倫理選擇的難題，應隨時代進步，持續關注會員工作環境中，矛盾衝突的倫理難題。
意見匯集	對於雇用專業會員從事專業服務的機構，有責任催促機構主管提供正式溝通管道，解決因專業人員與管理人員道德價值不同，所衍生的意見或觀點的衝突。
社會環境	推動的事務常受內外在環境力量，與當代潮流、歷史潮流的影響。針對不同學會的研究比較，將有助於了解社會變動與外在環境活動的改變。
評估測量	針對專業倫理研究上，應該提出評估與測量的方式。如此不但可以增進對專業倫理理論與實務的研究，且可產生改善專業績效的新方式。

（資料來源：作者整理）

　　由於倫理守則內容的敘述過於簡要而籠統，當應用於解決實際的專業倫理問題時，常面臨應用上的困難。專業倫理守則有其先天上的缺失，但我們仍不應該忽略其積極性的意義。例如專業倫理守則的教育性意義。對剛進此專業的新鮮人，專業倫理守則可明示專業應該要注意或遵守的倫理規範；同時也可被用於專業教育過程，作為專業人員養成教育的專業倫理教材。有助於增進未來就業上工作倫理的養成。因此，倫理守則是一份極佳的教育材料。此外，專業倫理守則也有助於解決利益衝突的問題。因專業倫理守則提示專業人員在決策時，不應忘記專業的服務價值、扮演的角色，及對社會大眾的責任等。因而從事專業工作時，即使個體的價值觀並不認同某些觀點，但基於專業的要求，他應該做出對專業最有利的決定。

結語

　　隨著社會分工的愈趨細密，「專業人士」這個角色在社會活動中逐漸扮演就專業事務上的全面掌握者的角色，例如社會工作人員在助人行為上的專業掌握，於是「專業人士」與專業事務對象間的人際關係就成了一項特殊倫理議題。由於不同的專業擁有不同的知識特性與活動特性，於是不同的專業倫理亦各不相同。一種專業發展到具社會組織的型態時，就會開始訂定規準，要求從事此行業的人員共同遵守。這些規準是在規範成員的資格，以確保每一位成員都受過合格的訓練；有的是在規定成員之間的對待方式，以確保和諧；有的則規定此一專業的社會責任。

　　由此可以看出，專業倫理有兩個層面，一是偏重專業內部的問題，一是偏重專業與社會之間的關係。專業工作之推展繫於社會大眾所賦予之信譽，因此，如何實踐由核心概念所構成的專業倫理之理念架構，建立良好的專業倫理機制並健全的運作，才能真正落實專業倫理的精神與理念，確實是專業仍須不斷努力的方向。

第二十章　休閒生活

前言

　　現代社會對於「休閒」的需求愈強烈的趨勢，從一些新興的休閒活動如雨後春筍般出現可見一斑，但是現代人對於休閒的定義仍侷限於工作之外的餘暇時間，尚不能將工作與休閒視為一體之兩面。不受勞動時間的約束的自由時間的增加，實是人類長期以來的願望，也是人類運用其智慧及理性，一方面提升生產力，一方面爭取自由和自求解放而不斷努力的一大成果，自由意味著從事創造性活動機會增加，更多的自由時間使人類得以充實自己，豐富生活內容，增進生命的意義，以實現人生目標及美好生活。

　　人是社會動物，個人真正的美好人生通常與對美好社會的實現做出貢獻有密切的關係，因此自由時間的增加，不僅意味著美好人生實現的可能性增加，同時也意味著美好和諧社會實現的可能性也愈大。特別是在以機械文明為基礎的現代社會，社會關係、朋友關係等容易感到空虛和枯燥，所以休閒生活在現代人的生活中也就愈發的重要及必需了。

壹、休閒生活意涵

　　休閒可以定義為替有意義活動保留使用的自由裁量時間。休閒本身不管是否對經濟生產力有意義，不管個人是從事運動、遊戲、任何提供價值感、個人熟練度、或提升個人自我形象的活動等，只要能達到休閒揭示的目的均是有意義的休閒活動。由於科技文明的發展而增多了休閒自由時間，休閒時間的增加，或將有助於克服疏離，促進文明的進步與生活品質，這些都是益發使得休閒成為我們深思及關切的主題。

　　以前農業社會，生活單純，白天工作，晚上就休息，平時也沒有什麼休閒，因此認為休閒是一種浪費時間的活動，但是隨著時間更迭，觀念更新，人們從休閒活動中獲得的滿足，往往超過從工作中獲得的滿足。休閒是當工作時間與生存的基本需求滿足之後所剩的時間，休閒是工作之後的喘息時間，是休息與放鬆的時間，人們應該由工作壓力中重新恢復活力，並準備好重新投入工作。是以就現代的觀點，休閒本身具有其影響深遠的價值和意義。例如：從事護理這項有關病人身心健康的工作，休閒生活對護理人員而言，有其特殊的意義和重要性。因為護理人員平時工作壓力很大，如果沒有適當的休閒生活加以調適，則可能會造成護理人員工作疲乏及倦怠，甚至影響對病患的照應。

　　「休閒」，係指一個人從受到外在的社會制約，與不能充分自我滿足的例行活動中暫時撤退。「休閒活動」，表示休閒透過某種喜好的活動，提供變化與快樂，使人擺脫了日常社會責任的壓力，滿足了內在理想與感情的需求。休閒活動為生活素質的重要層面，早已為工業先進國家所重視，因為休閒活動可滿足人民精神生活的調劑，同時可發展為一種新的服務業。然而此種見解一直到現今才逐漸被人們所接納。而工作與休閒的意義，在西方歷史上，無論是在政治界、學術界或宗教界等都曾引起廣泛的爭論（Evans, 1969）。

　　長久以來多數人認為工作是一種美德，唯有工作才能避免酗酒或從事不當之活動；近幾十年來有些人開始認為休閒才是最重要的，贊成這個觀點的學者認為，工業革命以後工作的性質產生了很大的變化，機器代替手工，人們成了機器的一部分，與他們所從事的事務疏離了，無法在工作中滿足人類自我實現的需求，於是將感情的依歸訴諸於工作以外的休閒（Argyle, 1972）。工作的目的是為了休閒，沒有了休閒，工作本身是無意義可言，這個事實我們可以從一般人對時間的分配與金錢的支出看得出來，Clowson & Knetsch（1966）曾比較美國一九〇〇年到一九五〇年全民時間用度上分配於工作與休閒的比例，並以之預測二十一世紀的時間配合，結果顯示，到二十一世紀時人民所有休閒時間將是工作的七倍多。

表 20-1　休閒的意涵

項目	內涵
提高生活的素質	工作與休閒是現代人的生活中最主要的部分，無論是工作對休閒的影響，或是休閒對工作的影響，只要我們了解其間的關係，進而加以改善，必可提高人們生活的素質。
應付生活的變遷	高度工業化的結果，人們工作的時間愈來愈少，工作的性質也有很大的轉變，相對地休閒的時間愈來愈多，如何作適當的安排，以維持工作與休閒之間的平衡，對現代人而言，也是相當重要的。

（資料來源：作者整理）

由於休閒的重要性日益增加，Friedmann（1964）認為休閒在技術文明中將扮演著重新安排人類生活的角色。因此，觀諸社會發展的趨勢，工作將與休閒一樣，同時反映人們的生活型態。

不論對休閒的看法如何，對多數人而言，工作畢竟占去了他們大部分的時間和精力，故不知不覺中，深深地影響了他們的其他生活層面（例如休閒生活等）。由於休閒生活愈來愈被重視，因此引發了許多學者探討工作與休閒的關係。

貳、休閒的重要性

存在主義作家卡繆曾說過：「要了解一個人就必須先了解他怎麼營生。」社會學家休斯（Everett Hughes）認為在人際對應的諸多角色中，以職業角色為「主角色」，因為這個角色決定了他的生活型態、人生價值取向，及他人的評價。長久以來當我們提起一個人，通常會是以他的職業角色來涵蓋，因為工作是個人生活中主要的內容，中國人給滿一歲大嬰兒「抓周」的習俗便是由此而來。工作已深深鏤刻在我們的生活之中，「工作就是人生」的說法並不為過。

在沉重工作壓力的時代，工作中的短暫休息也只求喘息而已，所謂「休閒是為工作」正是這番寫照。隨著機械文明的到來，人們廣泛運用機器為生

產的憑藉，雖為社會帶來更為便捷的生活，但由於在機械化的工作步調裡，生產勞動不再依循自然的律動，而須配合刻板的速度以及遵循機械的運作原理以行動。結果，工作者變成機械的一部分，只在扮演那些尚未被自動化機械所取代的部分角色而已。這種勞動生活容易感到無奈感、無意義感。在精神生活方面特別容易感到空虛和枯燥，這正是馬克思所說的「異化現象」。其克服的辦法便是只有求之於休閒生活，從休閒生活中獲得人生的意義，發展人類的潛能，實現美好的人生，從而對美好社會的實現做出貢獻。人們對這嶄新時代的來臨寄以無限希望。寧願選擇額外休閒，而非更多工作與所得，這種現象顯示的是：偏愛有更多的自由時間來消費金錢；而不是犧牲自由時間，換取更多金錢。這趨勢會繼續進行，因為人們質疑傳統的工作價值，於是牽動著新的社會型態的來臨。這使得社會充斥著「為休閒而工作」的氣息。

現代社會對於休閒生活的需求有愈為強烈的趨勢，但是現代人對於休閒的定義仍侷限於工作之外的餘暇時間，尚不能將工作與休閒視為一體之兩面。自由時間的增加，不僅意味著美好人生實現的可能性增加，同時也意味著美好和諧社會實現的可能性也愈大。生活在現代社會的人們，十分需要用科技文明所導致的增多時間，以解脫零件地位、擺脫疏離感，並從零件意識中解放出來。是以現代人的理想生活型態是：人人都能夠利用自由時間，接觸更有價值的人類文化，發展自己的人格和能力，並致力於增進家庭、人際與社會之間的接觸，以豐富和充實精神生活，從而通過集體合作的力量以達成美好社會的實現，因為只有在健全的社會中生活，個人的幸福才能實現。

休閒生活對現代人具有下述的重要意義：

表 20-2　休閒的重要性

重要性	主張
促進家庭和樂	費根堡姆（K. Feigenbaum）認為：休閒生活對家庭生活的正向功能，強調家庭式的休閒活動是消除代溝、解除疏離的有效方法。
輔助教育功能	休閒生活因現代大眾媒體的發展，與學校教育一樣扮演了社會化的角色。

重要性	主張
發揮文化涵養	休閒是人的價值體系與意識型態的一種外顯行為，可以反映文化的走向。卡普蘭（M. Kaplan）強調：消遣中重新界定其應扮演的地位、人生觀及價值觀。。
增進生活品質	休閒與工作關係密切，威倫斯基（Wilensky）主張：因為透過休閒活動能補償工作時的孤立性與缺乏自主性表現。

（資料來源：作者整理）

休閒生活是指暫時離開了生產線或工作崗位，自由自在的去打發時間，並尋求工作以外的心理上的滿足。休閒實際上包括了二層意義：

第一、從時間上而言，它是工作和其他社會任務之外的時間；

第二、從活動性質而言，它是放鬆、紓解和任意照著個人所好的意圖的一種活動。

根據以上各專家學者的看法，可知休閒活動的動機是人類生活、心理、身體等的需求，為了滿足各種需求，在過程中人們也獲得了體驗或刺激感，以及人際關係的改善等等，這是參與休閒活動的原動力，也就是人們要找回生命存在的意義，回歸完全的我。

叄、休閒活動展望

大眾休閒現象是現代工業的產物，其理想型態是人人都能夠利用自由時間，接觸更有價值的人類文化，發展自己的人格和能力，以致力於增進家族、朋友與社會之間的接觸，以豐富和充實精神生活，從而通過集體合作的力量以達成美好社會的實現。但隨著大眾休閒時間的大量增加，今日，已十分發達的各種大眾傳播媒介不停地刺激大眾的原始欲望。同時巧妙的現代傳播技術也在大眾的心裡深處神不知鬼不覺地製造並培養有利於娛樂產業的各種新欲望。不知不覺地，一般群聚逐漸成為商業性娛樂宣傳的犧牲品。這些商業娛樂多半缺乏傳統的民間娛樂所具的消除身心疲勞、恢復體力的「再創造」的積極面。

　　Erich Fromm 認為現代人沒有真正自由以享受他的閒暇。他消磨閒暇的方式，早就為「休閒」產業所決定。這誠是今日休閒生活異化情形的殘酷寫照，也是當前休閒生活的一嚴重危機。在真正休閒時代來臨之前，人類尚有許多問題需要克服或回答。因此在未來很長的一段時間，特別是在人口眾多、生產技術尚十分落後的第三世界，不太可能有休閒主導的社會出現。比較可能的，也是可遇的形態乃是休閒與工作均衡、並重的社會。人要會工作，也要會善於利用閒暇。最好是人類同時能在工作與休閒兩領域均能從事創造性活動的機會，都能有自主性與充實性的感覺。

　　不論古今中外，在歷史上能夠享受大量休閒時間的，通常只是少數特權階級（如貴族、僧侶、奴隸主或地主階級等）。對占人口絕大多數的一般平民而言，由於生產力的發展有限，加上被統治階級層層剝削，日常生活中的工作壓力沉重，極有限的休閒時間頂多只能用做解除疲乏、恢復體力的「娛樂」而已。不過從表面上看來，工作與休閒好像是互為對立、互不相容的概念，其實也不然。例如在以狩獵及採集為主的初民社會，工作與「非工作」便很難區分。在日常生活中這兩者密切地融合在一起。正如 Rosalie Wax 所說：「我不相信任何一個布希族人能夠告訴我，他們的日常活動中哪些是屬於工作？哪些是屬於遊戲？」

　　在農業社會，工作也與休閒微妙地統合在一起，成為整合性或連續性活動。其經濟、家庭、教育、宗教等各種生活領域裡，均隱含著娛樂的成分，成為維持社會共同生活所不可或缺的成分。如家人在田野勞動中的閒話家常，或如客家人一邊採茶一邊唱山歌，特別是種種社區性宗教慶典，或家庭性的重要活動，如出生、成年、結婚、甚至死亡儀式中，也包含有娛樂性活動。如美國社會學者 Summer & Kelley 即曾說：「娛樂活動不像經濟、家庭、政府、教育和宗教活動那樣具種種制度的形式，而是附屬於社會用以維持自存和自續的各種制度上，構成這些制度輕鬆和較活潑的一面。」

　　不過，社會的另一傳統，也存在著工作與休閒的明顯對立與區隔的現象。其最具代表性例子乃是古希臘人的休閒理念。特別是那些作為奴隸主階級的自由民或所謂的休閒菁英的休閒概念。他們所留下來的休閒哲學已成

為今日探索休閒社會理念的一重要遺產。特別是在物欲橫流、道德墮落、物質主義及功利主義充斥的當代社會，希臘人的休閒理念誠值我們深思，並作為現代休閒生活的指針。

社會文化與休閒活動關係密切，因此當探求休閒活動的未來展望時，也要考量社會環境的發展特性。諸如：

第一、社會繁榮富庶脫離經濟匱乏，形成消費休閒文化。現代人身處於現代化及富裕的生活，遠從童年開始就有錢走入消費市場，再加上行銷專家有意塑造的市場區隔文化，更形成了獨特的休閒風格，因此流行服飾、熱門音樂帶、MTV、化粧品、速食餐館、重型機車等形成了別具一格的消費休閒文化。

第二、反抗形式、標新立異，形成了官能休閒文化。如八〇年代的抗爭的激烈。有些則是毫無主張、毫不具體，甚至於毫無目標的抗爭，使人們經常由瞬間的狂喜、立即的情緒激動及毫無拘束的表現，來表示反抗權威、抗拒形式的規範，如飆車、雷射舞會、電動玩具、MTV、柏青哥等官能真實享受的行為。

第三、自我表現，追求快樂的逸樂休閒文化。現代休閒的意識包含了逸樂和舒適取向，他們寧選消費不選生產，寧選享受不選創造，寧選快感不選痛苦。目前社會受到相當大的壓力，從事休閒活動的目的，以放鬆休憩為主。常藉由公共場所的自我表演、卡拉 OK 的歌曲演唱、互爭輸贏的飆車、郊遊等以達發洩的目的。

由於科技的發展仍會持續地進行，自動化生產的機械將會取代越來越多的人工。可是另一方面，由於人工被自動化機械所取代，失業問題會變得更為嚴重。大量失業人口所擁有的大量的自由時間，只是一種無事可做之時間，而非真正的自由時間。因為這種空閒時間，既非志願性的，也難有自由感、自主性的感覺。而且縱然有時間，也沒有足夠的金錢來花費，以從事其想做的休閒活動。因此有人認為有必要對社會做全面性改革，以重視休閒生活的休閒倫理來取代長期以來主宰人類行為的工作倫理。因為，為了解決結構性失業問題，每人均須縮短其工作時間。如此，則每人的自由時間必然大

量增加。此時，工作不用被視為倫理，而不工作也不用被視為偏差行為，須以休閒社會的新觀念取代過去一直以工作倫理為中心的社會。

結語

「休閒」是源自拉丁文 licere，意即「被允許」（to be permitted），有擺脫工作後所獲得自由之意。因為希臘人相信工作的目的是為了休閒，非如此則文化無以產生，足見休閒有其一定的功能與價值。此正也是何以休閒活動一直受到重視的原因。個人對於休閒活動功能的觀點，是決定休閒態度及參與之重要因素，就一般而言，對於休閒功能持著高度肯定者，其參與度愈高，反之則低。要了解休閒的全貌，勢非先對休閒的功能加以探討不可。

休閒活動對於個人及社會均具有重大功能，也就是休閒活動的有效運用，對人格發展、工作效率、人生目標、社會文明的提升，均有密切的關係與影響。就個人而言，可促進身心健康、調劑身心、擴大生活視野與改善人際關係、豐富精神生活等。對社會而言，可促進經濟進步、改善社會風氣、創造出和諧的社會。從社會心理學的觀點，休閒被當作促進集體行為發展的歷程，從休閒中可以尋求樂趣而遵行團體行為規範，並確認及扮演個人的社會角色和團體成員的互動關係，進而模製社會統合行為。從心理學的觀點，則休閒之主要功能在於發洩、疏通以及調和情緒，補償角色期待所受的精神壓力和自我能力匱乏之心理感受，使壓抑沉悶或憤恨不滿的具有破壞性衝動力量，以藝術化和昇華的方式表現，防止可能產生的病態心理或偏差行為。此外，並可增進個人的行為發展功能——身體機能和智力之增強，內在情緒力量的平衡和社會關係的調和，對自己和現實的態度、行為準則和價值觀的組合作用。

主要參考書目

牛格正（2008），《助人專業倫理》，臺北：心靈工坊。

王智弘（2005），〈諮商專業倫理之理念與實踐〉，《教育研究》月刊，132，頁 87～98。

江亮演（2000），〈老人福利工作〉，《立法院院聞》第二十八卷第五期，頁 59～75。

伊慶春（2003），《臺灣民眾的社會意向》，臺北：中研院。

吳來信（2005），《家庭政策》，臺北：國立空中大學。

林振春（1995），〈凝聚社區意識，建構社區文化〉，《社區發展》季刊，69，頁 25～39。

周桂田（2000），〈高科技風險：科學與社會之多元與共識問題〉，《思與言》，38:3，頁 75～103。

徐震（1992），《社區與社區發展》，臺北：正中書局。

徐立忠（1983），《高齡化社會與老人福利》，臺北：臺灣商務印書館。

曹永慶（2002），《紀登斯論現代社會的風險》，淡江大學歐洲研究所碩士論文。

陳奎喜（2007），《教育社會學》，臺北：三民書局。

陳燕禎（1998），〈老人社區照顧——關懷獨居老人具體作法〉，《社區發展》季刊，83，頁 244～254。

陳肇男（2001），〈快意銀髮族——臺灣老人的生活調查報告〉，《張老師》月刊，臺北，頁 66～68。

黃藿（2004），《教師專業倫理》，臺北：五南出版社。

楊國樞（1991），《臺灣社會問題》，臺北：五南出版社。

楊培珊（2000），〈臺北市獨居長者照顧模式之研究〉，臺北市政府社會局委託專題研究報告。

潘憲榮（2008），《全球化新思維》，臺北：領航文化。

翟芳怡（2000），《當代社會的風險與科技的震撼——理論的省思與實際之考察》，淡江大學歐洲研究所碩士論文。

蔡文輝（1995），《社會變遷》，臺北：三民書局。

鄭培滄（2001），《我國發展高科技政策之研究——貝克風險社會理論的觀點》，國立暨南大學政治學研究所碩士論文。

謝孟雄（2001），「社區大學模式的職業教育」，實踐大學。

顧忠華（2001），《第二現代——風險社會的出路》，臺北：巨流。

葉至誠（2005），《教育社會學》，臺北：揚智出版社。

葉至誠（2010），《社區工作與社區發展》，臺北：秀威資訊科技股份有限公司。

Beck, Ulrich (1992a). Risk Society: Towards a New Modernity. Translated by Ritter, M. Saqe Publishing, London.

Bell, Daniel (1973). The Coming of Post-Industrial Society. New York: Basic Books.

Castells Manuel (1998)，《網絡社會之崛起》，夏鑄九等譯，臺北：唐山。

Giddens, A. (2000). Runaway World: How Globalization is Reshaping Our World. New York: Routledge.

John Naisbitt (1999)，《高科技‧高思維》，尹萍譯，臺北：天下文化。

Kamerman, S. K. and A. J. Kahn (1978). Family Policy: Government and Families in Fourteen Countries. New York: Columbia University Press.

Mills, C. Wright (1959)，《社會學的想像》，張君玫、劉鈐佑譯，臺北：巨流。

Payne, M. S. (2005). Modern Social Work Theory. New York: Palgrave Macmillan.

Skidmore, R. A. (1990). Social Work Administration: Dynamic Management and Human Relationships. Second Edition. New Jersey, Englewood: Prentice Hall.

秀威經典

實踐大學數位出版合作系列
社會科學類　PF0236　健康網 07

家政教育與生活素養

作　　者 / 葉至誠、葉立誠
統籌策劃 / 葉立誠
文字編輯 / 王雯珊
責任編輯 / 陳慈蓉
圖文排版 / 楊家齊
封面設計 / 楊廣榕

出版策劃 / 秀威經典
發 行 人 / 宋政坤
法律顧問 / 毛國樑　律師
印製發行 / 秀威資訊科技股份有限公司
　　　　　114 台北市內湖區瑞光路 76 巷 65 號 1 樓
　　　　　電話：+886-2-2796-3638　傳真：+886-2-2796-1377
　　　　　http://www.showwe.com.tw
劃撥帳號 / 19563868　戶名：秀威資訊科技股份有限公司
　　　　　讀者服務信箱：service@showwe.com.tw
展售門市 / 國家書店（松江門市）
　　　　　104 台北市中山區松江路 209 號 1 樓
　　　　　電話：+886-2-2518-0207　傳真：+886-2-2518-0778
網路訂購 / 秀威網路書店：https://store.showwe.tw
　　　　　國家網路書店：https://www.govbooks.com.tw

2018 年 8 月　BOD 一版
定價：320 元
版權所有　翻印必究
本書如有缺頁、破損或裝訂錯誤，請寄回更換

國家圖書館出版品預行編目

家政教育與生活素養 / 葉至誠, 葉立誠著. -- 一版. --
臺北市 : 秀威經典, 2018.08
　　面 ;　　公分. -- (實踐大學數位出版合作系列)(社
會科學類 ; PF0236)(健康網 ; 7)
　BOD 版
　ISBN 978-986-96186-6-3(平裝)

　1.家庭教育

420.3   107010856

讀 者 回 函 卡

感謝您購買本書,為提升服務品質,請填妥以下資料,將讀者回函卡直接寄回或傳真本公司,收到您的寶貴意見後,我們會收藏記錄及檢討,謝謝!
如您需要了解本公司最新出版書目、購書優惠或企劃活動,歡迎您上網查詢或下載相關資料:http:// www.showwe.com.tw

您購買的書名:_____

出生日期:_____年_____月_____日

學歷:□高中 (含) 以下　　□大專　　□研究所 (含) 以上

職業:□製造業　□金融業　□資訊業　□軍警　□傳播業　□自由業
　　　□服務業　□公務員　□教職　　□學生　□家管　　□其它____

購書地點:□網路書店　□實體書店　□書展　□郵購　□贈閱　□其他

您從何得知本書的消息?

　□網路書店　□實體書店　□網路搜尋　□電子報　□書訊　□雜誌

　□傳播媒體　□親友推薦　□網站推薦　□部落格　□其他_____

您對本書的評價:(請填代號　1.非常滿意　2.滿意　3.尚可　4.再改進)

　封面設計____　版面編排____　內容____　文／譯筆____　價格____

讀完書後您覺得:

　□很有收穫　□有收穫　□收穫不多　□沒收穫

對我們的建議:_____

_____

_____

_____

11466
台北市內湖區瑞光路 76 巷 65 號 1 樓

秀威資訊科技股份有限公司　　　收

BOD 數位出版事業部

....

（請沿線對折寄回，謝謝！）

姓　　名：＿＿＿＿＿＿＿＿＿＿　年齡：＿＿＿＿＿　性別：□女　□男

郵遞區號：□□□□□

地　　址：＿＿＿＿＿＿＿＿＿＿＿＿＿＿＿＿＿＿＿＿＿＿＿＿＿

聯絡電話：(日) ＿＿＿＿＿＿＿＿＿＿＿＿　(夜) ＿＿＿＿＿＿＿＿＿＿＿＿＿

E-mail：＿＿＿＿＿＿＿＿＿＿＿＿＿＿＿＿＿＿＿＿＿＿＿＿＿